U0300577

通辽市
村民之家

白丽燕　主编

中国建筑工业出版社

策　　　划：张鹏举
装 帧 设 计：杨宗上
课题委托单位：通辽市规划局
课题依托单位：内蒙古工业大学地域建筑研究所
内蒙古工大建筑设计有限责任公司
内蒙古绿色建筑研究与实践创新人才团队

序

在农村建造“村民之家”的建筑学意义可阐释为在传统聚落或社区中植入激发积极行为的异质区域，此区域是否与原聚落和谐相处并发挥其积极作用是建筑设计的重要切入点。

本书所收录的三十余例“村民之家”方案，是本年度通辽市建设“新农村、新牧区”工作的重要成果汇总之一。为了进一步为新农村新牧区建设工作提供物质保障与空间场所支持，近年，通辽市委市政府决定斥资为全市建造1000个村民之家，服务于新的农村牧区生活，本书即为首期实施方案的研究和合集。

受通辽市规划局委托，内蒙古工业大学地域建筑研究所和内蒙古工大建筑设计有限责任公司以课题的形式接受此项任务。本人参与了任务书研究、方案设计、成果反馈和最终的分析等全过程，感受到生态和人文设计理念对于设计成果的生成具有决定性的作用。在设计研究中，首先，立足文化生态理念，以建筑形态与空间来阐释“村民之家”在聚落中的精神意义；然后，在此基础上进行回应地域气候的技术生态设计；最终，两者的有机结合顺理生成了“村民之家”这种新的建筑类型。

展望建筑落成之际，通辽地区各村、嘎查民众在新的空间场所内进行各项村民工作和活动时，希望能如期呈现富有生机的新农村、新牧区生活场景。在此特别感谢通辽市委市政府给予特别的工作机会，使得设计人员获得了宝贵经验，为更好地完成后期方案和同类项目奠定了工作基础。同时，作为一名设计研究人员，共鸣于通辽市的这一决策，即在当下喧嚣的建设大潮中，脚踏实地地去完成一些有意义的“小”项目应是设计工作的本分。

张鹏举
2013年09月30日
内蒙古工业大学地域建筑研究所
内蒙古工大建筑设计有限责任公司

前言

本书是内蒙古工业大学地域建筑研究所横向科研课题“通辽市村民之家生态设计研究”的成果结集。

2013年8月，通辽市委市政府决定斥资为通辽市农村建造200个村民之家，服务于新农村、新牧区的生产与生活。此项工程的设计任务由通辽市规划局负责，考虑到“村民中心”这一建筑类型是前所未有的新创，通辽市规划局又将此项设计任务委托于内蒙古工业大学地域建筑研究所和内蒙古工大建筑设计有限责任公司，要求以科研课题的工作方式进行设计研究。

研究所接受课题委托之后，组织设计人员对通辽地区的气候特征、人文特点、地域建筑传统类型、地方性建筑材料和建造技术及村民生产生活方式进行了充分调研和分析。在此工作基础上设计完成了三十余例形式不同的建筑方案，设计方案以兼顾文化生态和技术生态的设计手法，呈现特有的空间和形式语言，回应了通辽地区冬严寒、夏干热、多风沙的气候特征和民族共融的人文特色。

项目总负责人张鹏举，项目审定人李冰峰，方案分别由四组设计人员共同完成：

第一组　组长：曹景（审校本组方案）

组员：雷根深（方案1、方案2、方案3）、任东旭（方案4、方案5）、董慧（方案6）、张星尧（方案7）、郭磊（方案8）、郝建峰（方案9、方案10）、董文强（方案11）、李永安（方案12）、李燕（方案13）、刘树英（方案17）

第二组　组长：贺龙（完成方案14、方案22、方案23，审校本组方案）

组员：武永江（方案15）、张帅（方案16、方案20、方案21)、李燕（方案19）

第三组　组长：白丽燕（完成方案31、方案32，审校本组方案）

组员：杨宗上（方案29、方案30）、王新（方案28）、扎拉根白尔（方案26）、海日图（方案25）、张然（方案27）

第四组　组长：刘燕青（审校本组方案）

组员：刘旭（方案24）、续峰（方案18）

白丽燕

2013年09月30日

内蒙古工业大学地域建筑研究所

目录

建筑师的职责是为已经存在的便利提供空间，为尚不具备的便利提供可能性。

——路易斯·康

村民之家生态设计解析

建筑师的职责是为已经存在的便利提供空间，为尚不具备的便利提供可能性。

——路易斯 · 康

“村民之家”是当代新生建筑类型，在农村建造村民之家的建筑学意义在于在传统聚落或社区中植入激发积极行为的异质区域，此区域是否与原聚落和谐相处并发挥其积极作用是设计的难点所在。本书所提及的生态设计包括文化生态和技术生态两方面。

设计解析之一：村民之家的精神意义，即文化生态设计。

建筑学是一门基于科学解决问题的实用学科，建筑设计的目的就是创造为使用者着想的环境。经过调研与思考，设计团队发现在村民之家文化生态设计中需要明确以下分属不同层面的问题：

一、基于建筑的社会学属性和人类学属性。新建村民之家作为“事件”呈现和“生活”的持续，事件本身传达的社会影响将期待建筑形象与建筑空间予以具体呈现，即建筑语言及生活场景要描述建筑对于业主和使用者的实际意义。

二、基于建筑的行为学属性。首先设计应该确定做些什么来解决具体问题，以便在使用评价中判定它是否实现。另外，如果设计即是创造“更美好”的环境，那么就要明确什么是“最美好”？为了谁？好在哪里？也就是说，所设计的建筑物和其构成的有形环境应该基于对使用者人性的理解，建筑作品合乎人性、利于人性即成功回应了地域文化并彰显其特质[1]。

这样看来，以上两个问题是一个共同体的不同侧面，并且如果问题二明确落实，则前者隐含的要求即迎刃而解。

本案所研究的“村民之家”是受通辽市政府委托为市属行政村设计建造的。毋庸置疑，与“行政村”最接近的聚居形态是传统聚落，与本案所研究的“村民之家”其主要功能是服务、交流集会、组织管理，起到村落中心的作用；与之最为接近的传统建筑原型应该是传统聚落中的“神圣的事物”。首先要清楚地区分“高贵事物”与“神圣事物”的差别。“高贵事物”是指社会地位权威体系中的上层人及其所拥有和使用的环境、设施等。而“神圣事物”则与社会地位毫无关系，它具有宗教上的象征意义[2]。在聚落中类似的建筑类型应该是“氏族公社大房子”、“家族祠堂”或“乡村教堂”。

采用建筑设计较为理性的建筑类型学的思考方法——在设计中还原“原型”所包含的空间形态和生活方式，进而具体呈现“集体无意识”中对于“神圣的事物”的期待。此处“神圣的事物”正如“建成环境的高层次意义”所提及的宇宙论、文化图腾、世界观、哲学体系以及信仰等，在当代文明中，逐渐代之以个性自由、平等、健康、舒适和控制自然或与之共处[3]。即“神圣的事物”的特性随着文明的进步逐渐由古典文明的关注“神性”过渡到现代文明的关注“人性”。

以上对于“村民之家”精神意义的分析属于文化生态设计的领域，建筑设计中要通过建筑形式语言、空间形态表达出“神圣的事物”所具有的精神特质——关键词：秩序感、崇高感、被吸引、尊重与包容、场所感、均质空间、平等性与开放性等。其间联系如表1详示之。

设计解析之二：村民之家的技术生态设计。

首先进行设计任务书的解析。

政府斥资建设“村民之家”的目的是为了服务于新农村、新牧区的生活，新建村民中心的功能主要包括以下五个部分：村民会堂、村民信息中心、村民商品交易中心、村民卫生服务站及村委会行政办公处等，将为各行政村、嘎查的新农村建设目标——“生产发展、生活宽裕、乡风文明、村容整洁、民主管理”提供有力的空间支持和长足的行为促动。

新农村建设目标五项中“生产发展”是前提，“民主管理”是手段，而“生活宽裕、乡风文明、村容整洁”是前两者工作落实的结果。以表2显示新的建筑功能将引发和支持的行为活动及其促进的新农村生活目标三者之间的对应关系。

其次分析村民之家建设的地域特征（气候条件、人文特色、历史地理、民族心

文化生态设计目标性关键词及其设计手法的古今演变　　表1

文化生态设计目标	古典文明	现代文明
建成环境的高层次意义	宇宙论、文化图腾、世界观、哲学体系以及信仰等	个性自由、平等、健康、舒适和控制自然或与之共处
建筑表达“神圣的事物”的方式	秩序感、崇高感、纪念性	被吸引、尊重与包容、场所感、均质空间、平等性、开放性等

理、传统建筑形式、传统建筑材料和建造方式），总结设计方法。

通辽地区地处内蒙古东部，气候特征是冬寒冷、夏干热、多风沙。从新石器时代就有人类定居在这里，古代为北方少数民族游牧区，近代主要为科尔沁蒙古族游牧区，现代定居村落形式以蒙古族聚居和蒙汉杂居为主，生产方式以农业为主，林、牧业为辅；民居地方代表性建筑形式如图所示，地方性建筑材料以砖瓦为主（图1）。

图1　民居地方代表性建筑形式

总结技术生态设计指南，即技术生态设计策略——沿用地方材料及建造方法、沿袭地方建筑形式，尽量做到自然通风采光、减少外墙面积、减少开窗面积等。

建筑功能空间所引发行为活动对新农村生活目标的针对性促进分析　表2

建筑功能类型	引发和支持的行为活动	促进的新农村生活目标
村民会堂	科普学习、文明教育、参政议政、节庆观演	管理民主 、乡风文明、生产发展
村民信息中心	信息交流、农科普及、精神生活	生产发展、乡风文明、生活宽裕
村民卫生服务站	医药服务、卫生保健	生活宽裕、乡风文明、村落整洁
村民商品交易中心	商品交易、生活便利	生活宽裕、村落整洁
村委会行政办公处	上传下达、服务管理	民主管理、乡风文明

设计解析之三：以设计方案的接受情况总结理性设计的结果。

本案在上文所总结的文化、技术生态设计策略原则的指导下，共有32个不同建筑形态的设计成果。一期建造100个村民之家，其方案选择反馈结果如表3呈现，根据需要笔者对代表性方案进行了关于形式特征和空间组织形式方面的简要描述。

此次“村民之家”共提供32个形态

方案接受情况汇总和方案特征描述　　表3

方案序号	被选次数	代表性方案效果图	方案特征的简要描述（形式特征、空间组织形式）
方案14	12次	方案14	传统形式； 本土材料； 本土建造方式； 紧凑式空间组织方式
方案5	12次	方案5	古典构图； 符号化的“小坡顶”表达民族形式，仿“人民大会堂”具有纪念性；紧凑式空间组织方式
方案3	9次		
方案7	7次	方案7	传统形式结合古典的构图较具有时代感，本土材料结合现代结构形式；空间组织方式较有活力
方案8	7次	方案2	现代主义风格，局部有民族装饰图案，秩序感、群体感较强，具有纪念性和场所感
方案11	6次		
方案2			
方案4 方案13	5次		
方案12 方案15 方案16 方案24	3次	方案16	对当地传统建筑的坡顶进行演绎，具乡土气息且较有时代感，纪念性较弱
方案1 方案19 方案31	3次	方案31	方案回应蒙古族对“圆”空间图形的喜爱，对“天”的崇拜；潜在场所感和且尊重民族心理。方案19以建筑色彩回应当地喇嘛教信仰
方案9 方案10	2次	方案9	强调地域性，方案9着重强调山地林区的建筑风格，方案10采用当地红砖为建筑材料
方案6 方案17 方案18 方案20～方案23 方案25～方案30 方案32	0次	方案29	欧洲乡村小教堂意向设计，落地条窗和灰色使建筑偏南方建筑风格
		方案32	适宜地域气候特征，在建筑中加入“内街”设计元素，获得自然采光通风，同时减少50%外墙面积，而内街也是“村民公共客厅”

不同的方案，其中17个方案在一期入选获得实建，在笔者看来较缺乏创新的方案14以传统形式、本土材料、本土建造方法、紧凑式空间组织方式及经济的面积指标获得了较高的入选率。

方案5和方案3则以古典构图、符号化的“小坡顶”表达民族形式，仿“人民大会堂”具有纪念性；紧凑式空间组织方式获得了同等的欢迎。

以方案2和方案8为代表的现代主义风格，局部有民族装饰图案，秩序感、群体感较强，这种具有纪念性和场所感的方案被接受程度则稍逊于前两者。

其他纪念性和秩序感较弱的设计方案，虽然对回应地域气候、传统文化进行了建筑学角度较有深度的探讨和创新，但是被接受程度并不理想。特别是笔者认为充分考虑地域气候和村居生活的方案18、33，都没有入选实建。

由以上入选结果分析可以得出：对于“村民之家”的建筑形态和气质定位，目前看来秩序感、纪念性和经济性、低技术是并列第一位的——可以理解为建筑虽然策划定位为“村民之家”，但大多数并非“家味儿很浓”，而那些具有较强纪念性和秩序感的建筑方案获得绝大多数的实建机会，这里反映出社会学领域中的潜在原因，值得我们进一步地思考和研究；同时，对经济性、低技术的重视超越了对建筑形象创新的追求，除了表现出农民“务实”的心态以外，也从另一个侧面反映农村对技术的无奈与恐惧的客观现实，也就是说建设“村民之家”、深入开展农村工作是把对农村的帮助落到实处的重要物质保障，同时切实感受到国家近年重视“三农”工作确为应时之举。

本次工作过程所反映出始料不及的结果，让笔者对于建筑的社会学属性有了更贴切的体会，为今后更好地完成此类项目奠定了较为扎实的工作基础，在此诚挚感谢通辽市政府给予本研究所此次独特的工作机会，希望以此书成为本领域进一步思考的开始。

[1]（美）阿摩斯·拉普卜特．文化特性与建筑设计［M］．常青等译．北京：中国建筑工业出版社，2008：10.

[2]（日） 原广司．聚落的教示[M]．刘淑梅等译．北京：中国建筑工业出版社，2006：32.

[3]（美）阿摩斯·拉普卜特．建成环境的意义——非语言表达方法[M]．黄兰谷等译．北京：中国建筑工业出版社，2003：179.

白丽燕
2013年09月30日
内蒙古工业大学地域建筑研究所

通辽市村镇村民中心　方案一

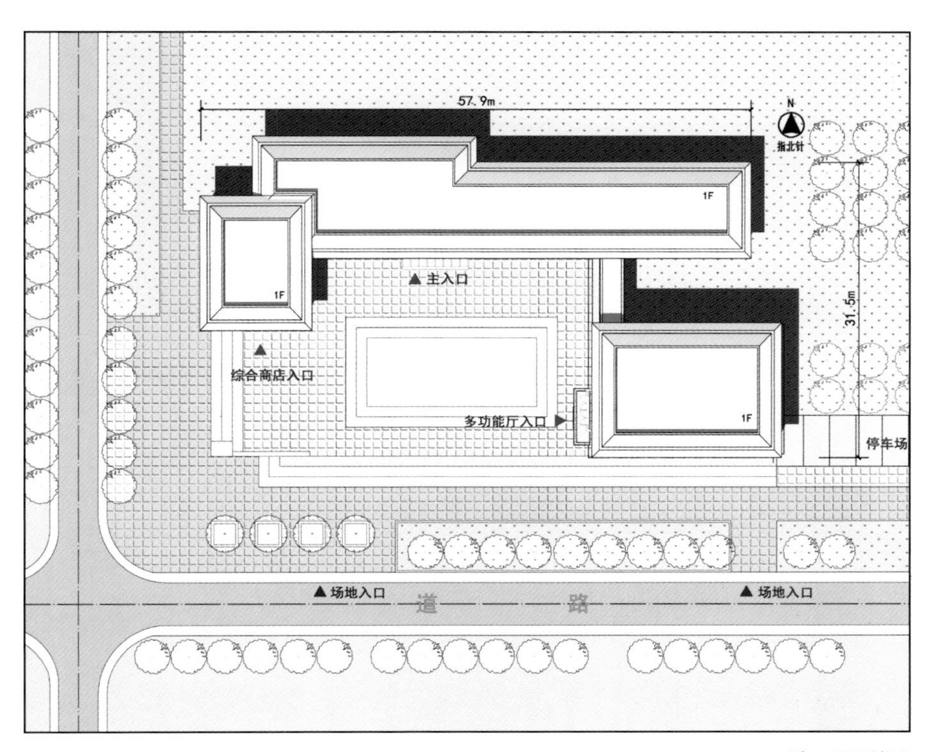

总平面图

■ 设计说明

本方案位于道路十字路口东北角，单层，建筑功能主要包括多功能厅、信息中心、卫生室、村委会和综合商店等五部分；总建筑面积856.51m²；结构形式为砖混结构。

建筑各功能区围绕主入口广场布置，联系各功能房间的交通走廊位于北侧，实现了主要房间的南向采光。各功能空间层叠有序，并与广场形成“U形”围合空间。

本村民中心设计着重强调建筑的亲和力，主要体现在适宜的建筑尺度和极具围合感的村民广场。此外，本方案采用简洁现代的立面风格，体现社会主义新农村的时代气息。在这里，适宜高效的内部空间与充满凝聚力的广场空间，共同为村民交流、学习提供良好的平台。

面积指标		面积分配表	
总建筑面积	857m²	办公室	146m²
		多功能厅	198m²
		综合商店	118m²
		卫生室	90m²
		其他	305m²

内蒙古工业大学地域建筑研究所
内蒙古工大建筑设计有限责任公司

□ 通辽市村民之家

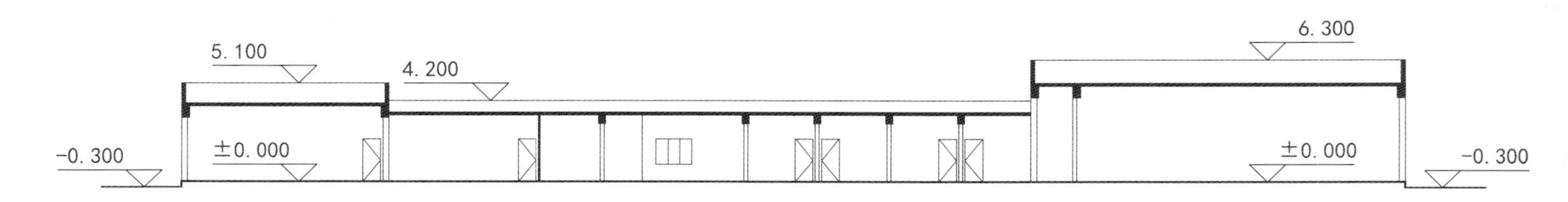

剖面图

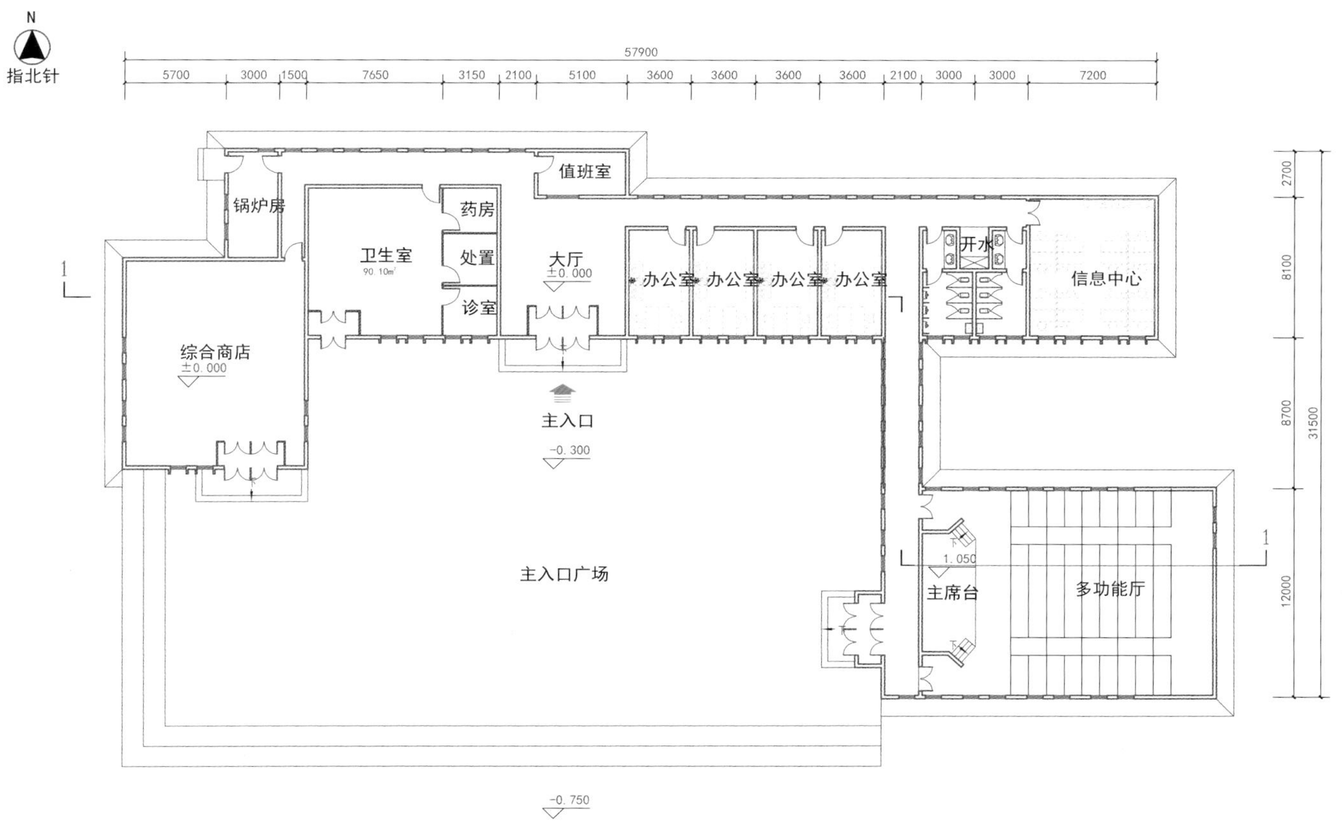
N
指北针
57900
5700
3000
1500
7650
3150
2100
5100
3600
3600
3600
3600
2100
3000
3000
7200
值班室
锅炉房
药房
卫生室
90.10m²
处置
大厅
±0.000
诊室
办公室
办公室
办公室
办公室
开水
信息中心
综合商店
±0.000
主入口
-0.300
主入口广场
1.050
主席台
多功能厅
-0.750
2700
8100
8700
31500
12000

平面图

IMRAI

通辽市村镇村民中心　方案二

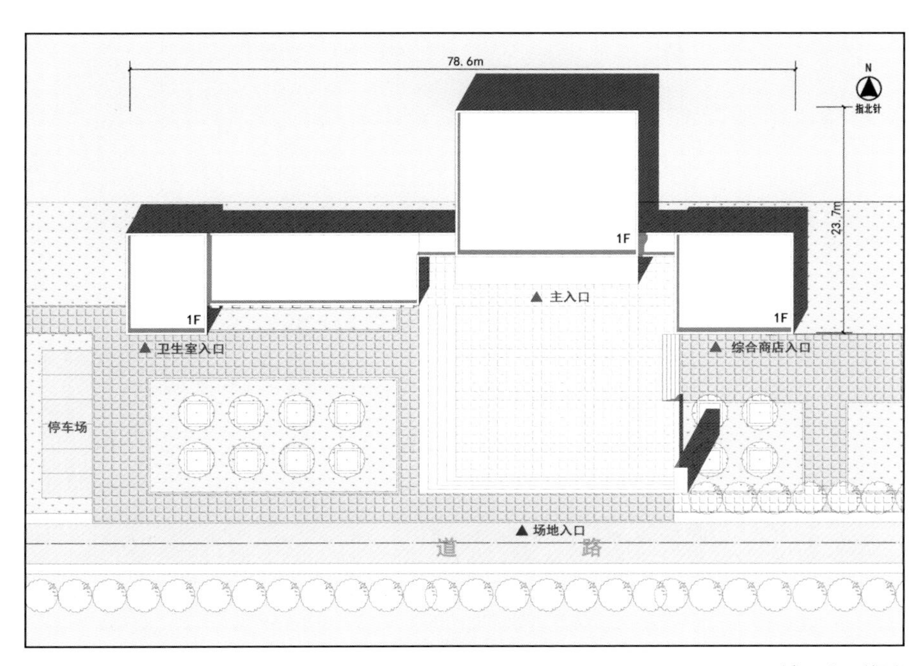

总平面图

■ 设计说明

本方案位于道路北侧，单层，建筑功能主要包括多功能厅、信息中心、卫生室、村委会和综合商店等五部分；总建筑面积857.38m^2；结构形式为砖混结构。

建筑各功能区沿东西向道路布置，联系各功能房间的交通走廊位于北侧，实现了主要房间均满足南向采光。建筑立面简洁大方、层叠有序，极具节奏感的建筑形态给人亲近、和谐的建筑形象。

村民的精神文明建设是本方案的设计主线，营造一个良好的学习、交流场所是本方案的设计宗旨。在这里，学习、娱乐、购物、医疗集于一体。现代化的多功能厅与开阔的广场空间为村民提供了良好的交流场所。

面积指标		面积分配表	
总建筑面积	857m^2	办公室	104m^2
		多功能厅	240m^2
		综合商店	124m^2
		卫生室	60m^2
		其他	329m^2

内蒙古工业大学地域建筑研究所
内蒙古工大建筑设计有限责任公司

□ 通辽市村民之家

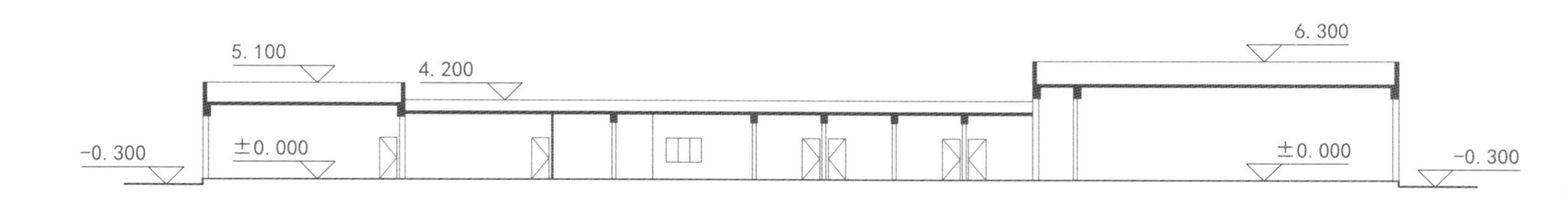

剖面图

村镇社区综合服务中心

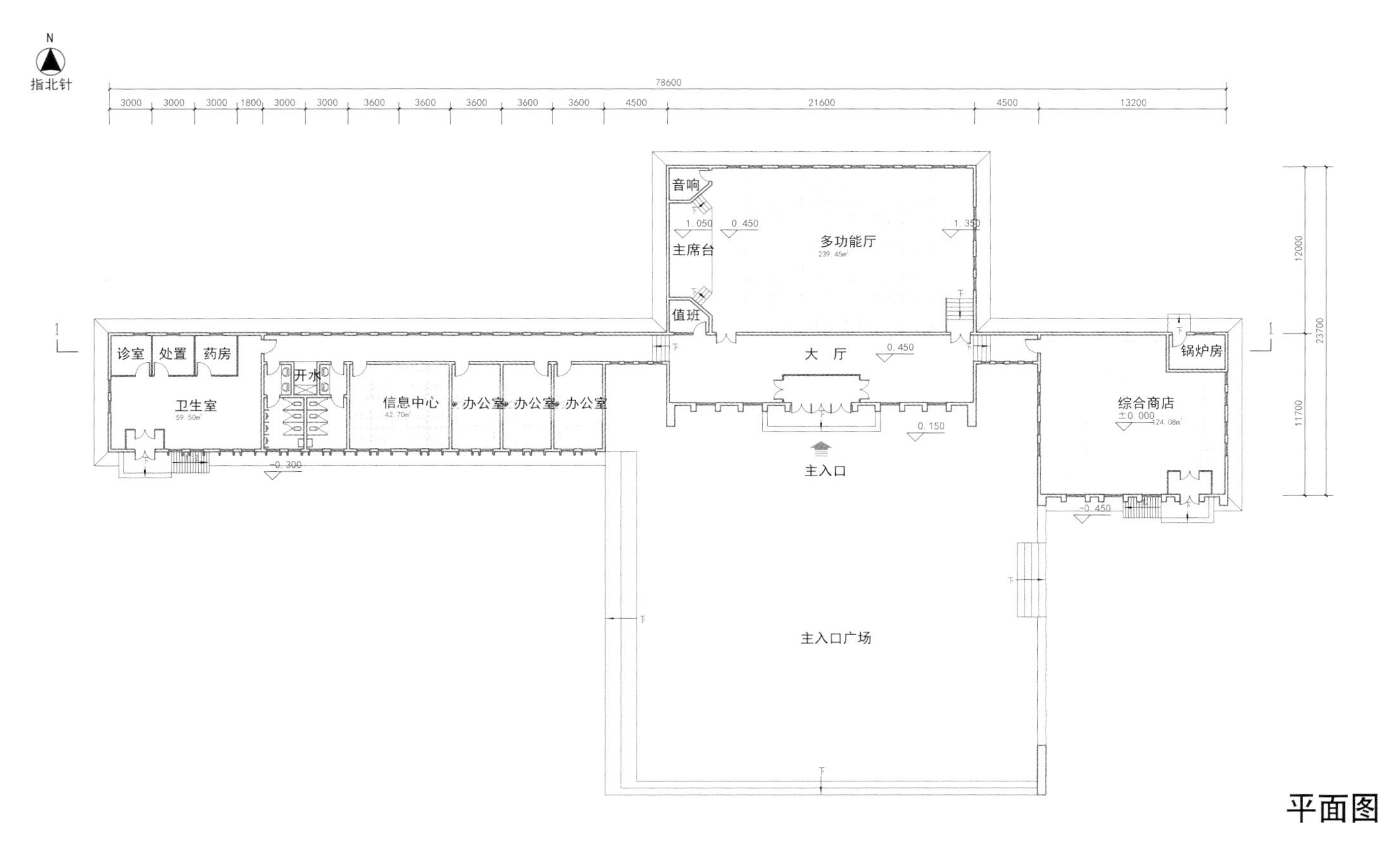
N
指北针
78600
3000
3000
3000
1800
3000
3000
3600
3600
3600
3600
3600
4500
21600
4500
13200
音响
主席台
值班
多功能厅
大 厅
诊室
处置
药房
卫生室
开水
信息中心
办公室
办公室
办公室
锅炉房
综合商店
主入口
主入口广场
12000
11700
23700

平面图

IMRAI

通辽市村镇村民中心 方案三

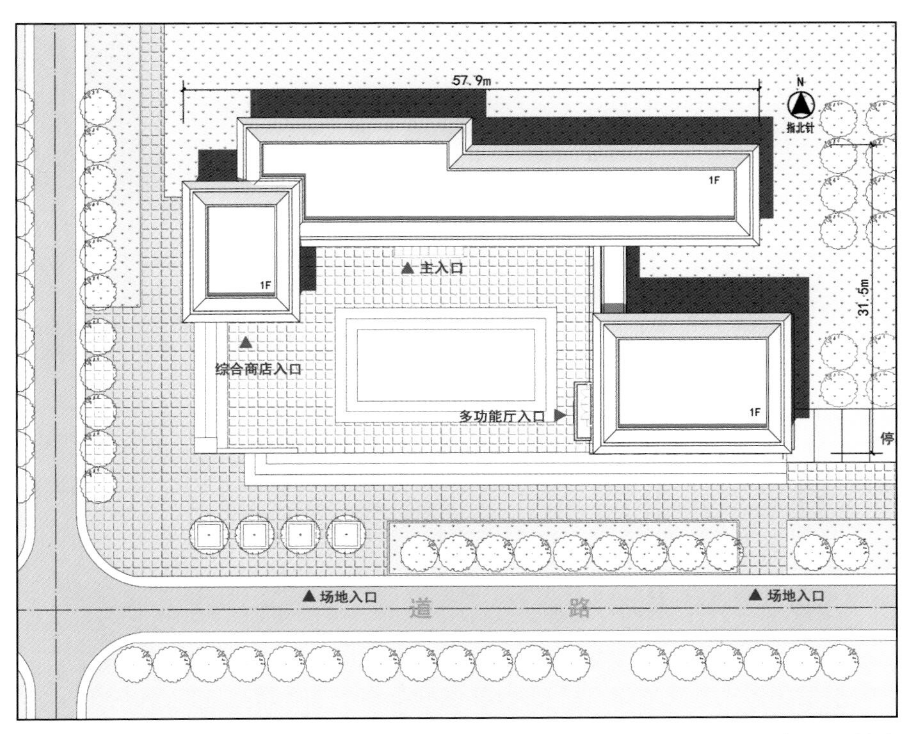

总平面图

■ 设计说明

本方案位于道路十字路口东北角，单层，建筑功能主要包括多功能厅、信息中心、卫生室、村委会和综合商店等五部分；总建筑面积856.51m²；结构形式为砖混结构。

建筑各功能区围绕主入口广场布置，联系各功能房间的交通走廊位于北侧，实现了主要房间的南向采光。各功能空间层叠有序，并与广场形成“U形”围合空间。

本村民中心设计着重强调建筑的亲和力，主要体现在具有适宜的建筑尺度和极具围合感的村民广场。此外，本方案采用“中式”的建筑立面处理手法，体现社会主义新农村的时代气息。在这里，适宜高效的内部空间与充满凝聚力的广场空间，共同为村民交流、学习提供良好的平台。

面积指标		面积分配表	
总建筑面积	857m²	办公室	146m²
		多功能厅	198m²
		综合商店	118m²
		卫生室	90m²
		其他	305m²

内蒙古工业大学地域建筑研究所
内蒙古工大建筑设计有限责任公司

□ 通辽市村民之家

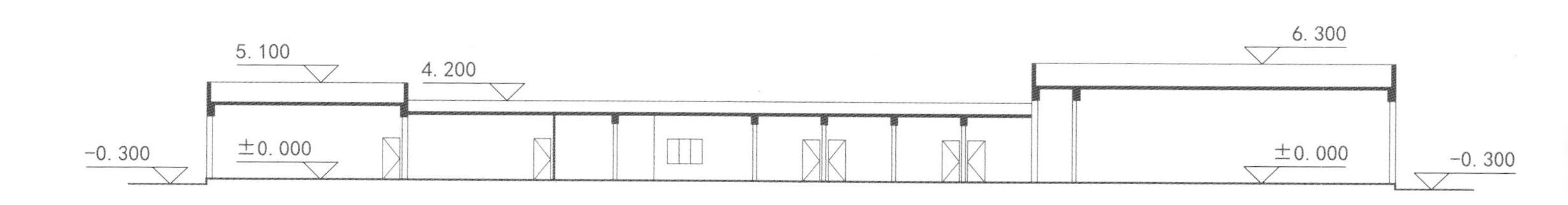

剖面图

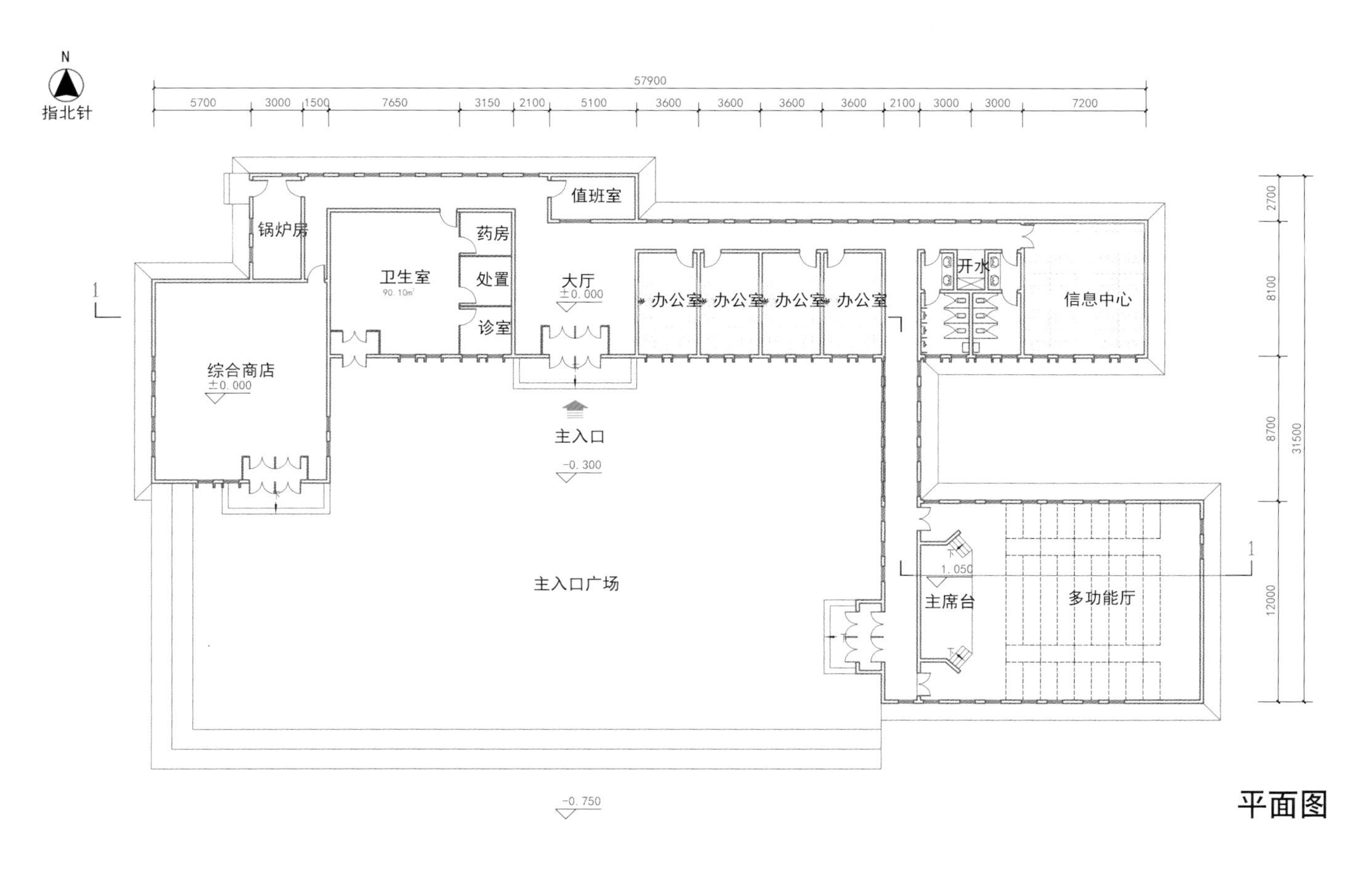
N
指北针
57900
5700
3000
1500
7650
3150
2100
5100
3600
3600
3600
3600
2100
3000
3000
7200
值班室
锅炉房
药房
卫生室
90.10㎡
处置
诊室
大厅
±0.000
办公室
办公室
办公室
办公室
开水
信息中心
综合商店
±0.000
主入口
-0.300
主入口广场
1.050
主席台
多功能厅
-0.750
2700
8100
8700
31500
12000

平面图

IMRAI

通辽市村镇村民中心 方案四

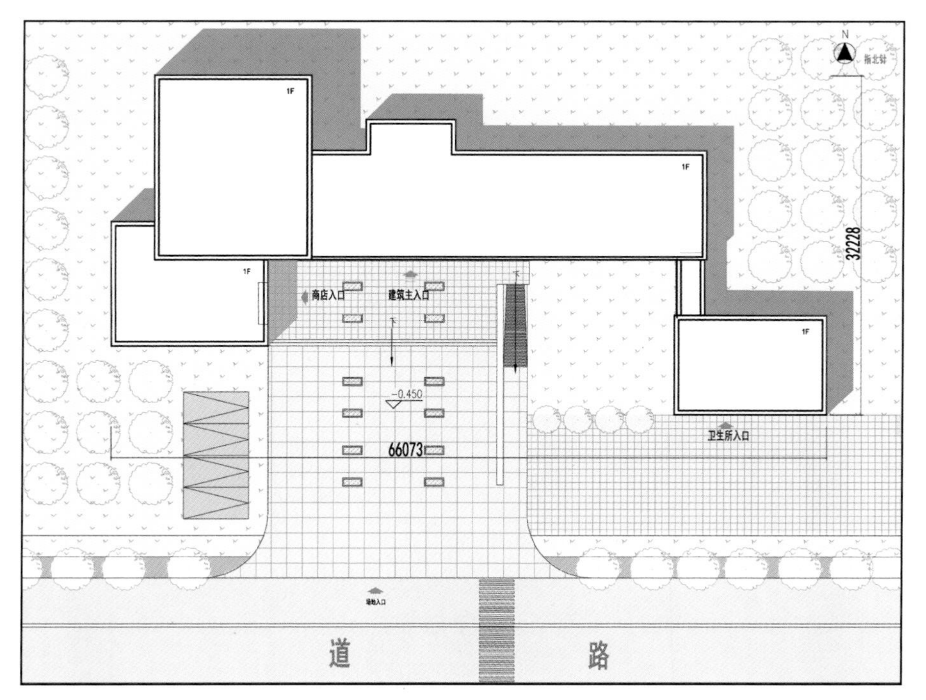

总平面图

■ 设计说明

本方案位于道路北侧，单层，建筑功能主要包括多功能厅、信息中心、卫生室、村委会和综合商店等五部分；总建筑面积936.9m^2；砖混结构。

建筑布局是以“分散式”的设计手法来安排各个功能空间，这种分散式的设计手法不仅可以使各个不同功能空间有其独立的区域以免互相干扰，同时利用其高低错落的建筑体量进行组合，形成较有气势的整体体量。分散式布局的另一特点就是这种布局可以满足各个功能空间对采光的需求。

本设计充分考虑了地域建筑文化特色，采用的是蒙元风格，主要体现在建筑的色彩搭配还有蒙元符号的运用。在建筑布局上充分考虑当地村民的行为习惯，在入口处设置半围合的广场空间，提供给村民一个聚会的开敞空间。

面积指标		面积分配表	
总建筑面积	937m^2	办公室	110m^2
		多功能厅	240m^2
		综合商店	120m^2
		卫生室	149m^2
		其他	318m^2

内蒙古工业大学地域建筑研究所
内蒙古工大建筑设计有限责任公司

□ 通辽市村民之家

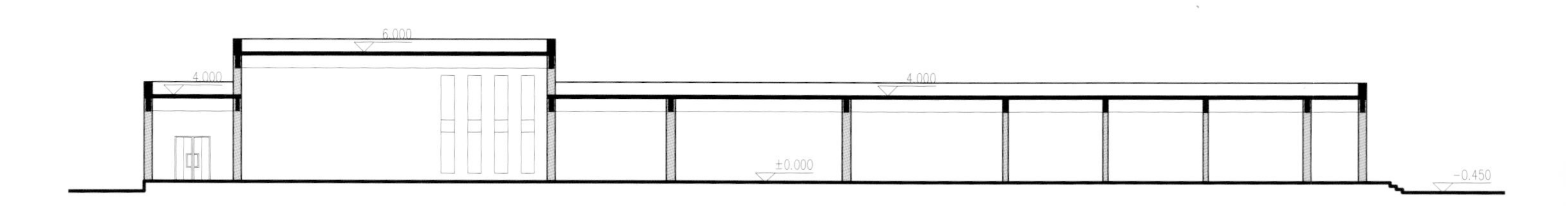

剖面图

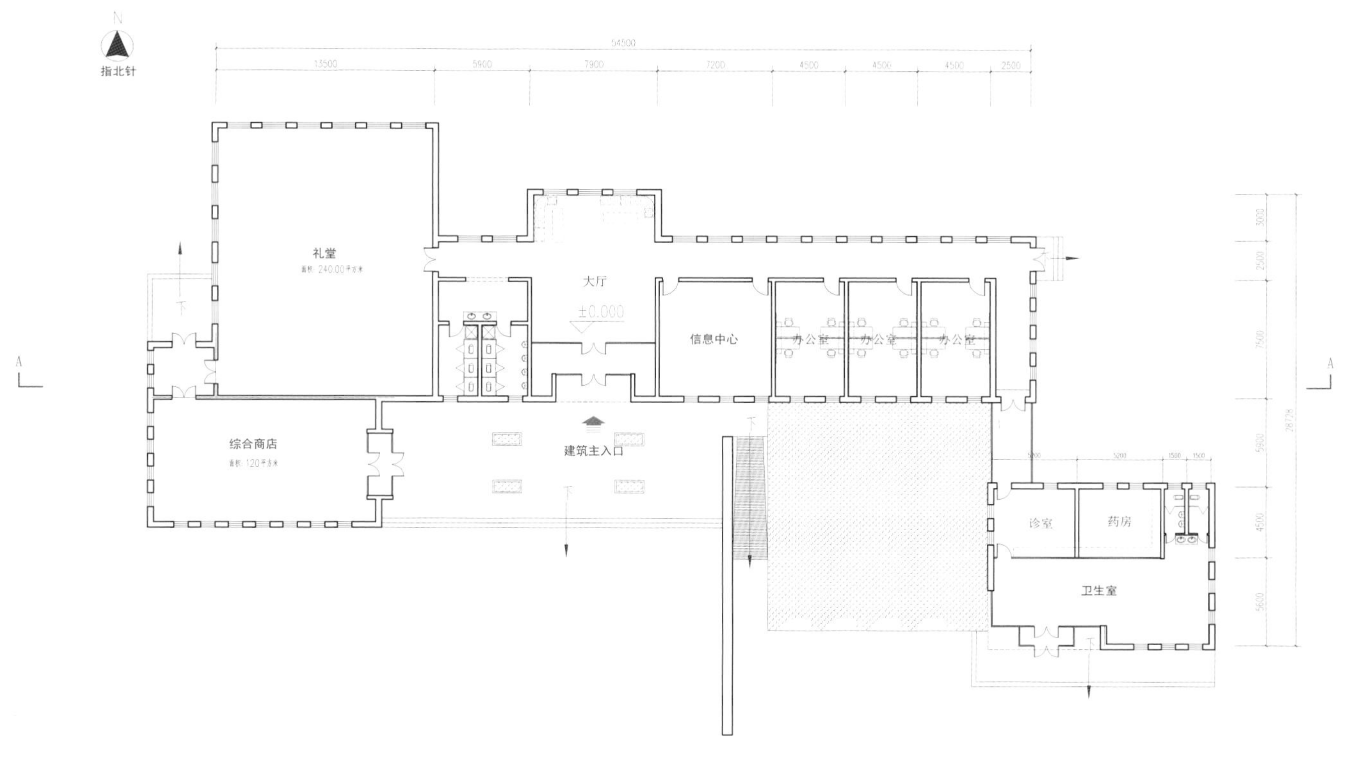

指北针
54500
13500
5900
7900
7200
4500
4500
4500
2500
礼堂
大厅
±0.000
信息中心
办公室
办公室
办公室
综合商店
建筑主入口
诊室
药房
卫生室

平面图

IMRAI

通辽市村镇村民中心　方案五

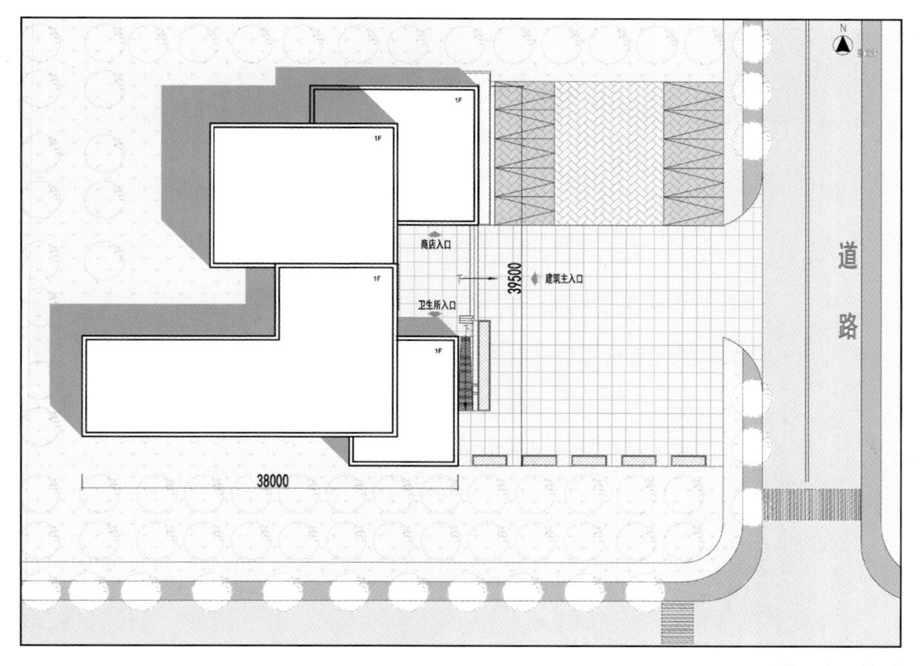

总平面图

■ 设计说明

本方案位于道路西侧，单层，建筑功能主要包括礼堂、信息中心、卫生室、村委会和综合商店等五部分；总建筑面积955.8m^2；砖混结构。

建筑布局是以“分散式”的体量设计手法来处理不同的功能体量。这种体量的设计手法不仅可以使各个不同功能空间有紧密的联系，同时利用其高低错落的建筑体量进行组合，形成较有气势的整体。建筑的另一特点就是各个功能空间南北通透，具有良好的自然通风采光。

本村民中心设计充分考虑了地域建筑文化特色，采用的是汉式风格，主要体现在建筑的色彩搭配还有小坡屋顶的运用。在建筑布局上充分考虑当地村民的行为习惯，在建筑的入口处设置半围合的广场空间，提供给村民一个聚会的开敞空间。

面积指标		面积分配表	
总建筑面积	956m^2	办公室	110m^2
		多功能厅	277m^2
		综合商店	130m^2
		卫生室	145m^2
		其他	294m^2

内蒙古工业大学地域建筑研究所
内蒙古工大建筑设计有限责任公司

□ 通辽市村民之家

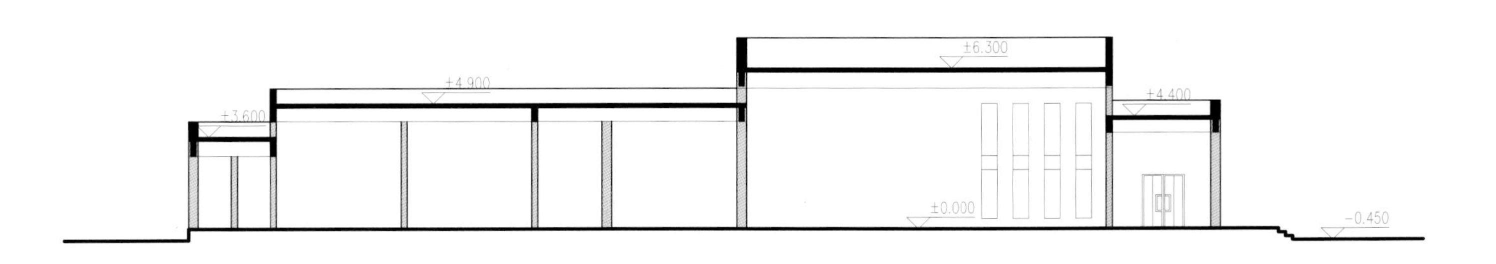

剖面图

村民中心

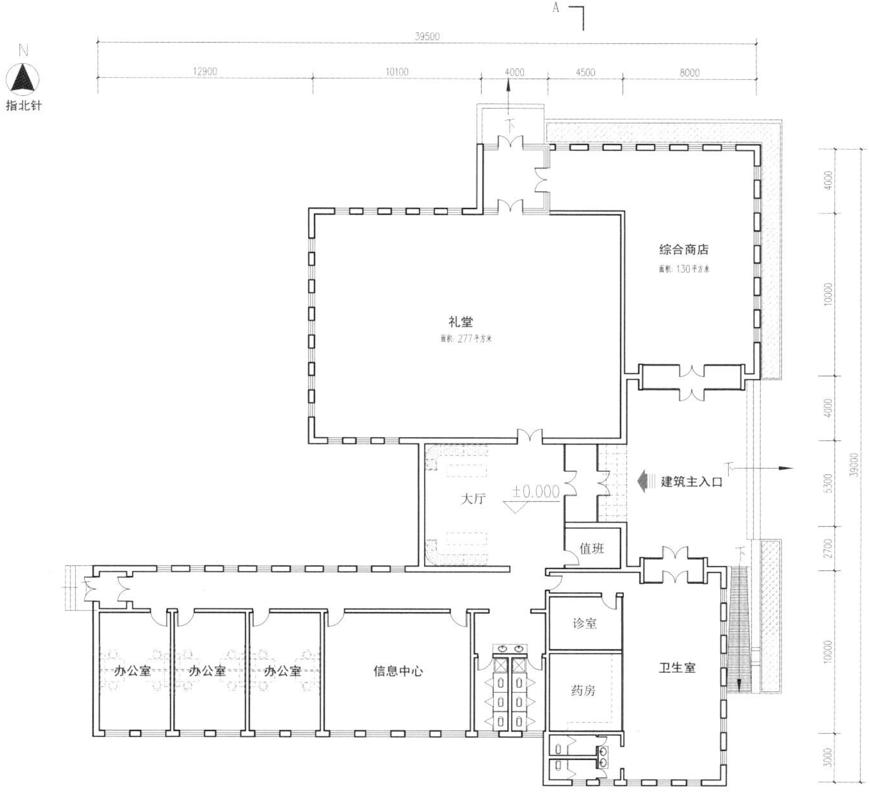
A
39500
12900
10100
4000
4500
8000
N
指北针
综合商店
礼堂
大厅
±0.000
建筑主入口
值班
诊室
药房
卫生室
办公室
办公室
办公室
信息中心
4000
10000
4000
5300
2700
10000
3500
39500
A

平面图

IMRAI

通辽市村镇村民中心 方案六

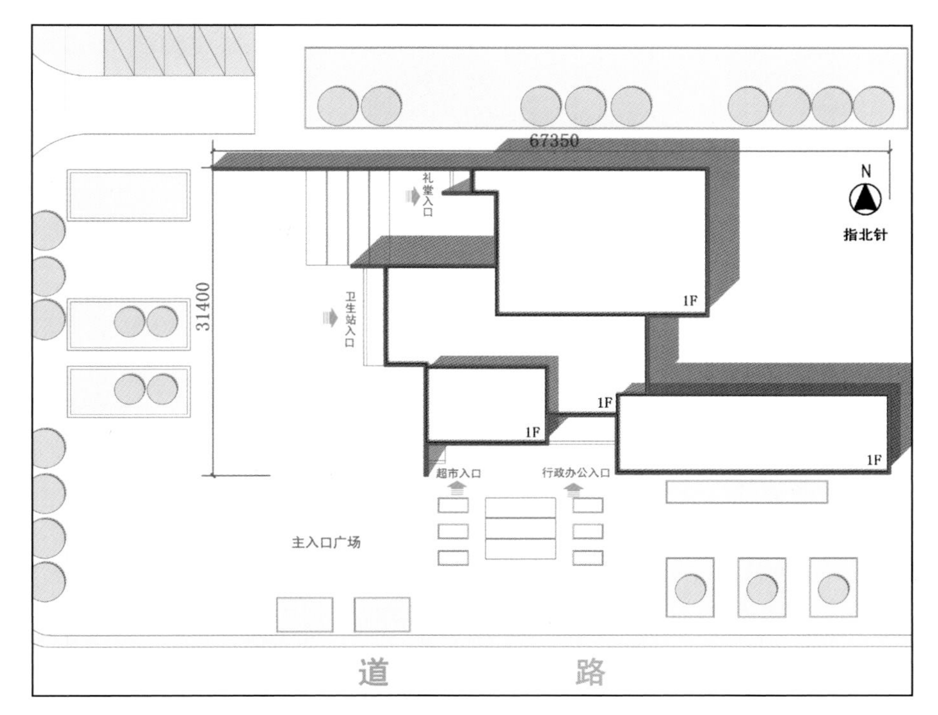

总平面图

■ 设计说明

本方案位于十字路口东北侧，单层，建筑功能主要包括礼堂、卫生站、村委会办公室、超市和信息中心等五部分；总建筑面积821.73m²；砖混结构；适于有喇嘛庙的村落。

建筑沿十字路口东北两侧布置，办公主入口位于建筑南侧。建筑南向布置一些采光要求相对较高的房间，例如超市、办公室、信息中心；西向布置卫生站，紧邻道路，方便村民诊治；北侧是礼堂。

考虑到通辽地区的民族性和地域性，整个建筑结合了藏式建筑和现代建筑的风格特点，颜色以白色和红色为主，材料主要使用砖。建筑整体通过采用不同功能体量的叠加、错落、拼接等手法，形成建筑的多样性和丰富性。

面积指标		面积分配表	
总建筑面积	822m²	办公室	65m²
		多功能厅	308m²
		综合商店	92m²
		卫生室	89m²
		其他	268m²

内蒙古工业大学地域建筑研究所
内蒙古工大建筑设计有限责任公司

□ 通辽市村民之家

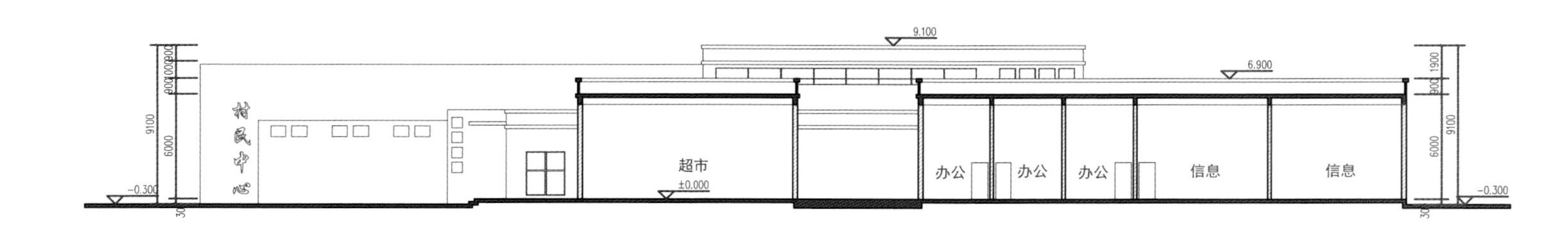

剖面图

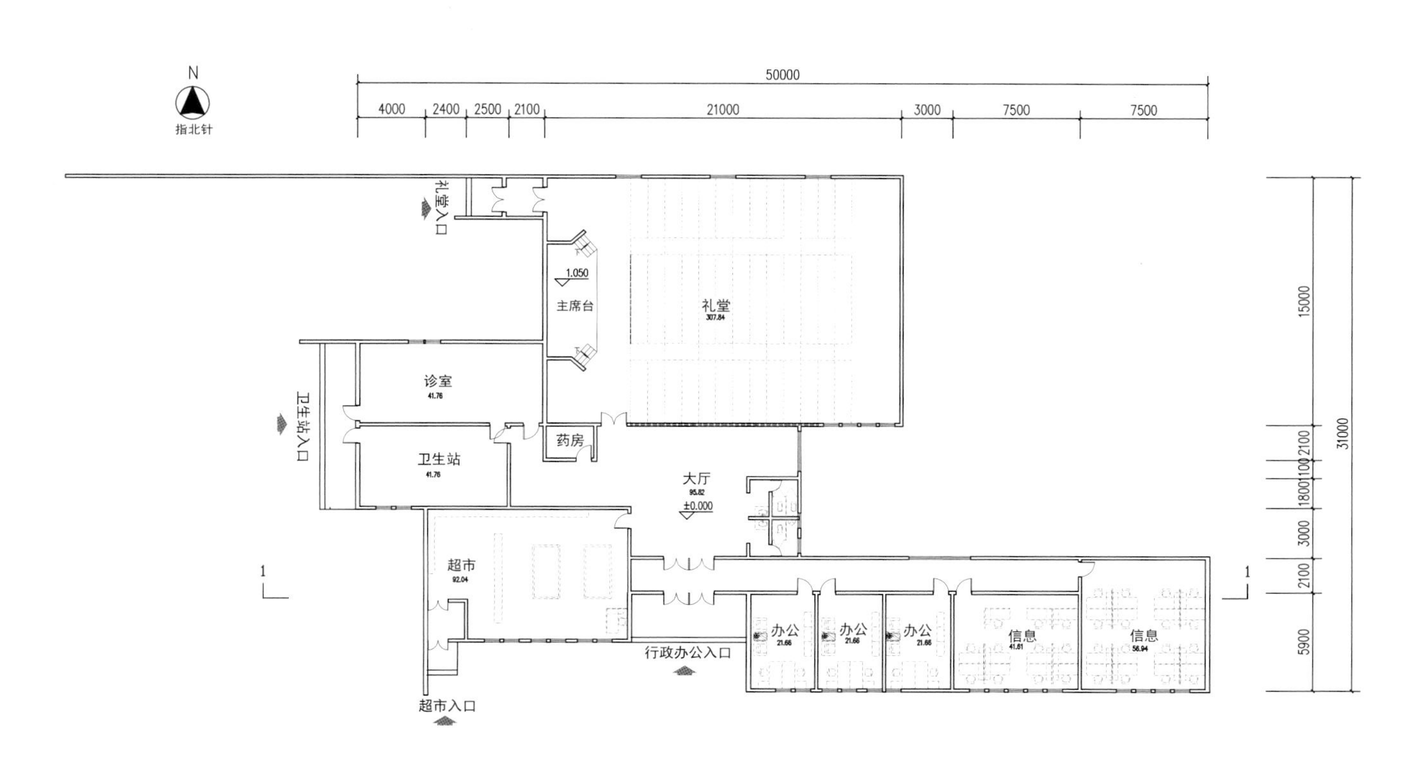
N
指北针
50000
4000
2400
2500
2100
21000
3000
7500
7500
礼堂入口
1.050
主席台
礼堂
307.84
诊室
41.76
卫生站入口
卫生站
41.76
药房
大厅
95.82
±0.000
超市
92.04
办公
21.66
办公
21.66
办公
21.66
信息
41.81
信息
56.94
行政办公入口
超市入口
15000
2100
1100
1800
3000
2100
5900
31000
1
1

平面图

IMRAI

通辽市村镇村民中心 方案七

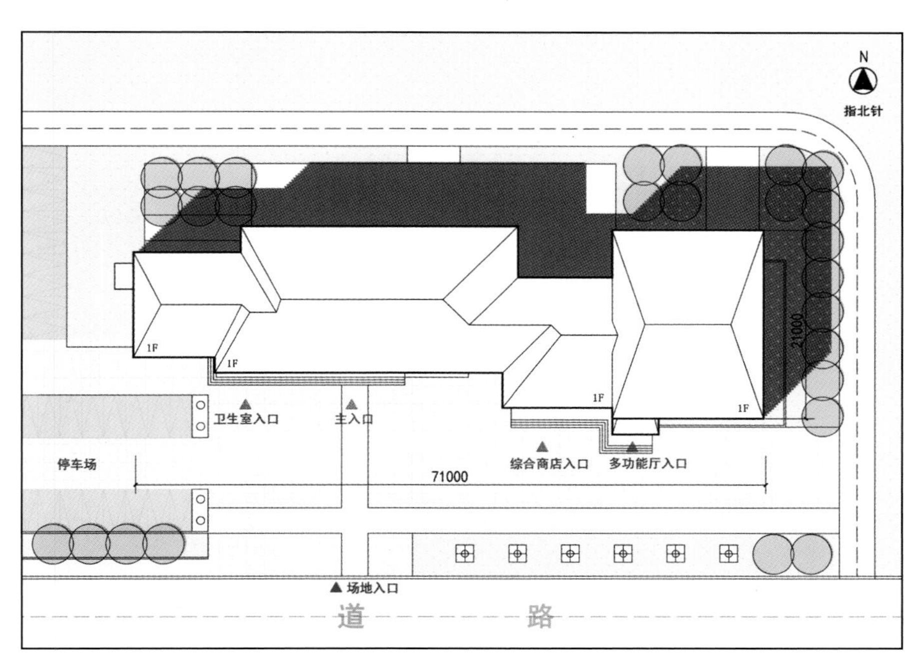

总平面图

■ 设计说明

本方案位于道路北侧，单层，建筑功能主要包括多功能厅、卫生室、村委会办公室、综合商店和信息中心等五部分；总建筑面积1030m^2；砖混结构。

建筑沿街一字展开，办公主入口位于建筑中央，建筑两端分别是多功能厅和卫生室，中间自然形成围合广场。建筑内部南北两排功能空间，南排布置采光要求较高的办公室，北排布置信息中心和会议室。建筑西侧设计高塔，使建筑体量感更强，造型更丰富，更具有标志性。

考虑到通辽地区的民族性和地方性特点，建筑风格分别结合了蒙元和现代建筑的特点，颜色以白色和红色为主。外墙上突出的立柱使建筑更显庄重，入口凹入的处理使空间丰富，且具有吸引人进入的场所感。

面积指标		面积分配表	
总建筑面积	1030m^2	办公室	171m^2
		多功能厅	268m^2
		综合商店	100m^2
		卫生室	118m^2
		其他	373m^2

内蒙古工业大学地域建筑研究所
内蒙古工大建筑设计有限责任公司

□ 通辽市村民之家

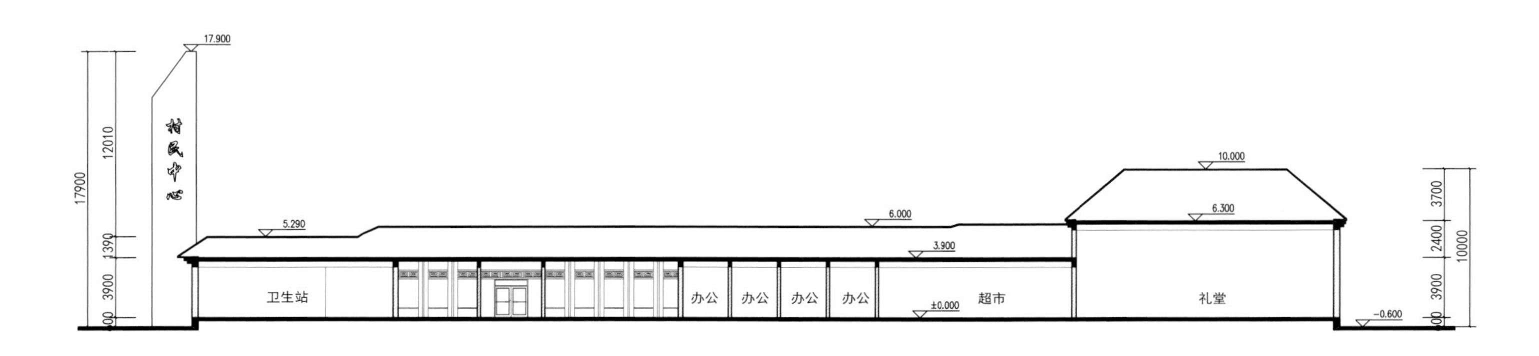
17.900
12010
17900
1390
3900
村民中心
5.290
6.000
3.900
10.000
6.300
3700
2400
3900
10000
卫生站
办公
办公
办公
办公
±0.000
超市
礼堂
-0.600

剖面图

方案七 □

礼堂

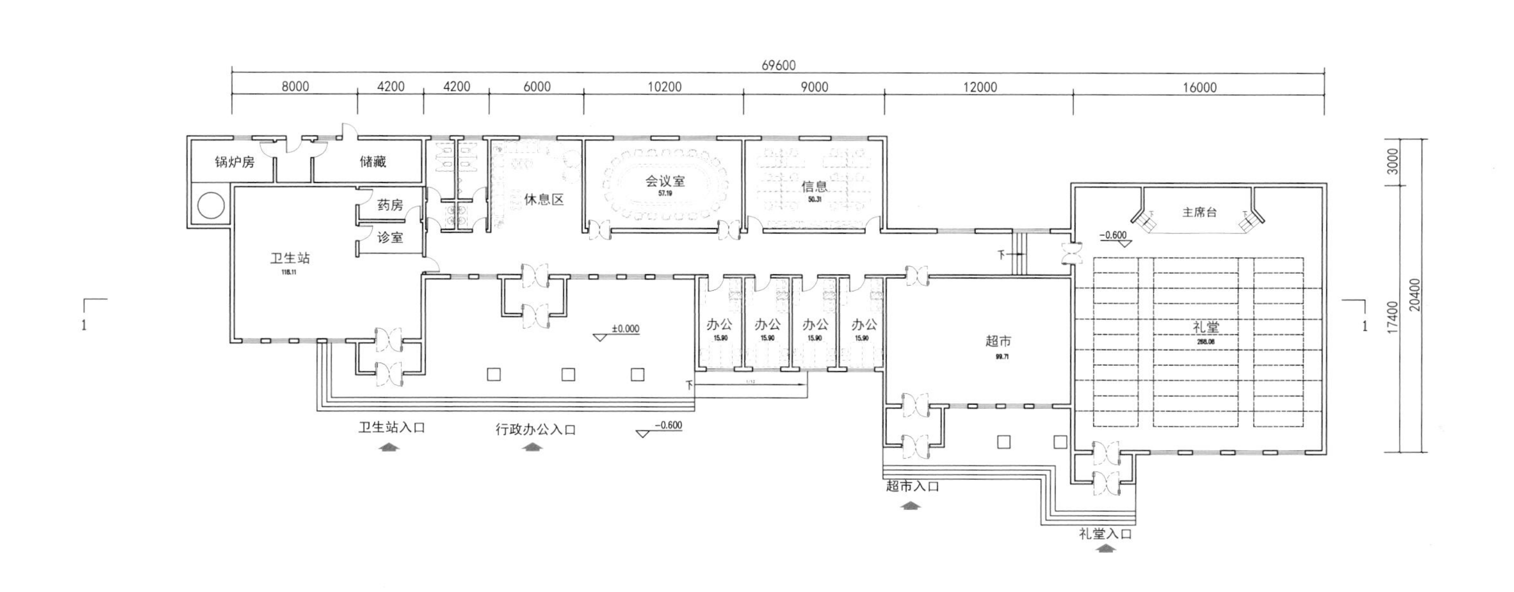
69600
8000
4200
4200
6000
10200
9000
12000
16000
3000
17400
20400
锅炉房
储藏
药房
诊室
卫生站
休息区
会议室
信息
主席台
-0.600
礼堂
超市
办公
办公
办公
办公
±0.000
卫生站入口
行政办公入口
-0.600
超市入口
礼堂入口

平面图

IMRAI

通辽市村镇村民中心　方案八

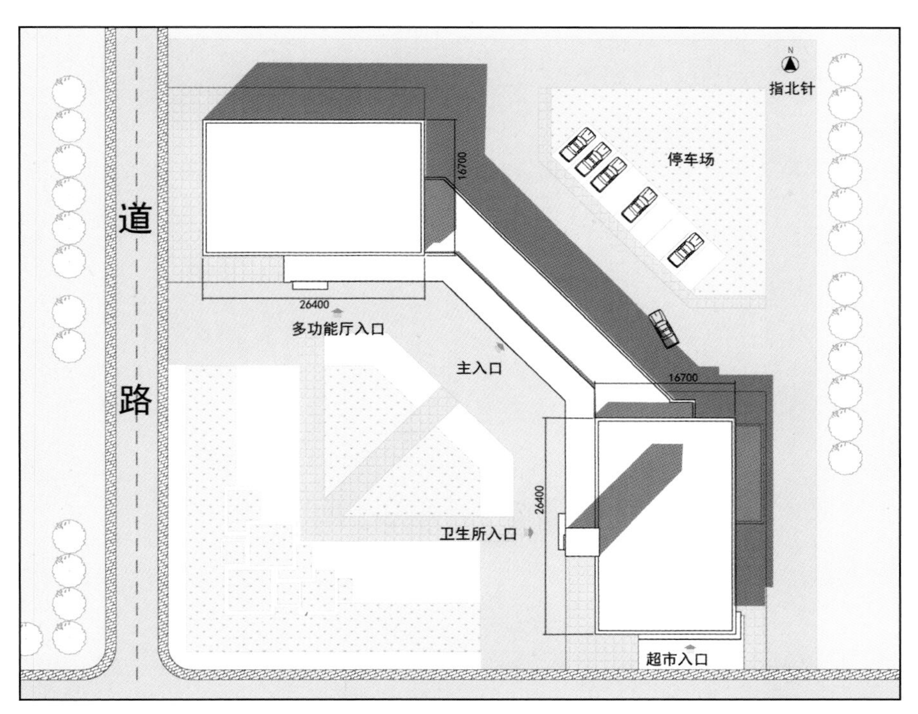

总平面图

■ 设计说明

本方案位于道路相交路口处，单层，建筑功能主要包括多功能厅、信息中心、卫生所、村委会和超市等五部分；总建筑面积1240m²；砖混结构。

建筑布局是以斜向办公连廊连接东西两侧的功能空间。东侧单独布置了空间要求宽裕的多功能厅并与办公空间相连，西侧布置了具备独立出入口的信息中心、超市与卫生所。中部的办公连廊在布局上起到了功能链接作用，并得到充足采光。东西两侧空间大致相同，高度有所区别，三个空间高度相互错落。

本村民中心设计考虑到本建筑在村镇中的行政与生活的中心作用，采用了半围合的布局设计，形成的建筑前的村民广场把村民的娱乐生活与办公有机地结合到了一起，办公与生活既相互独立，又互不干扰，充分凸显各自的职能，成为真正意义上的村民娱乐行政生活中心。

面积指标		面积分配表	
总建筑面积	1240m²	办公室	186m²
		多功能厅	351m²
		综合商店	135m²
		卫生室	162m²
		其他	406m²

内蒙古工业大学地域建筑研究所
内蒙古工大建筑设计有限责任公司

□ 通辽市村民之家

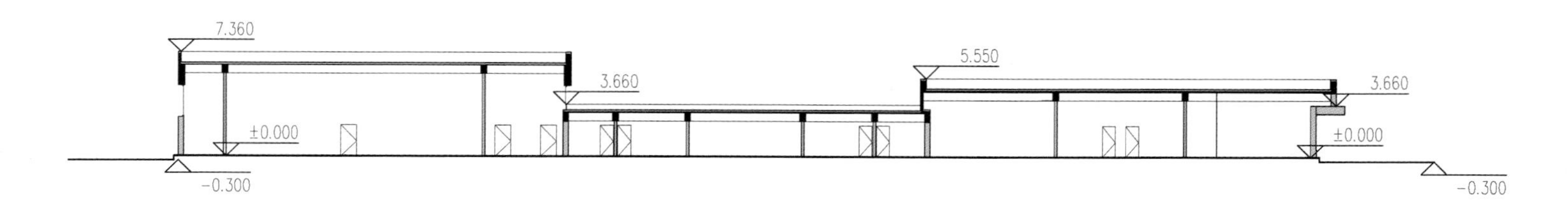

剖面图

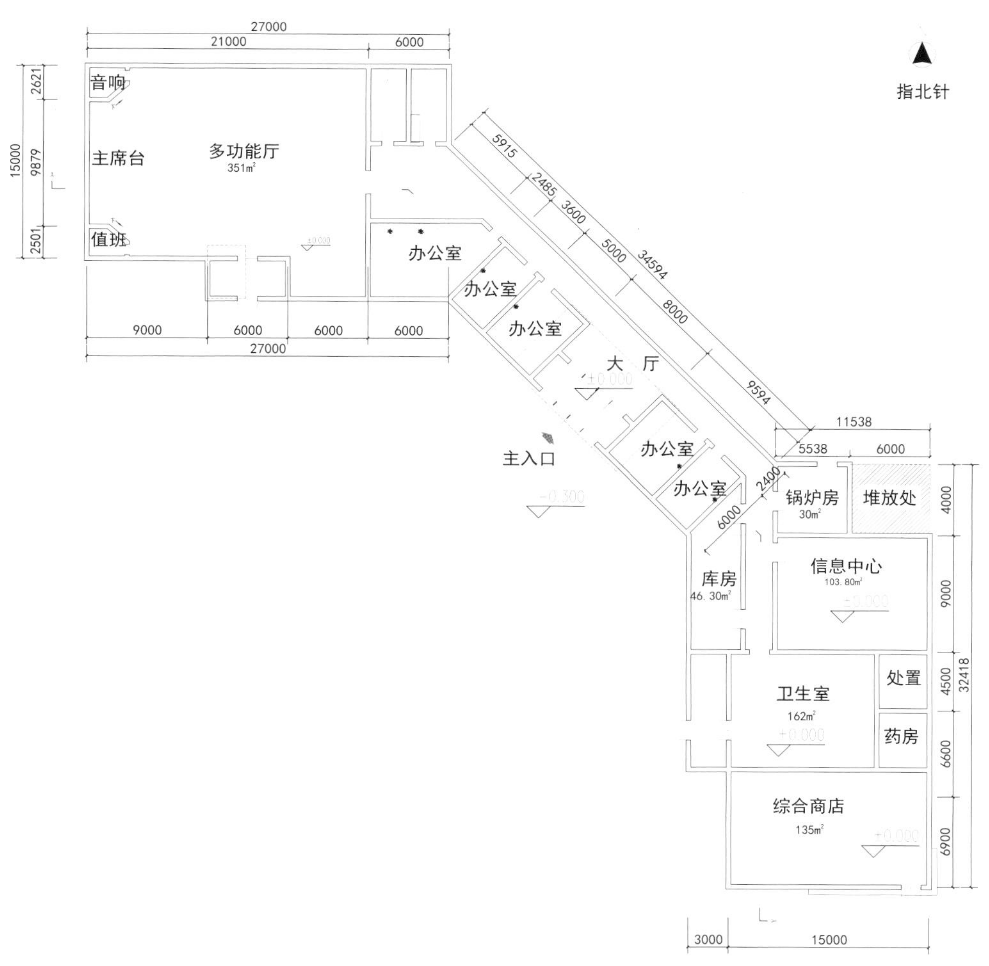
27000
21000
6000
音响
主席台
多功能厅
351m²
值班
2621
9879
2501
15000
9000
6000
6000
6000
27000
办公室
办公室
办公室
大 厅
办公室
办公室
主入口
-0.300
5915
2485
3600
5000
34594
8000
9594
11538
5538
6000
2400
6000
锅炉房
30m²
堆放处
库房
46.30m²
信息中心
103.80m²
卫生室
162m²
处置
药房
综合商店
135m²
4000
9000
4500
6600
6900
32418
3000
15000
指北针

平面图

IMRAI

通辽市村镇村民中心 方案九

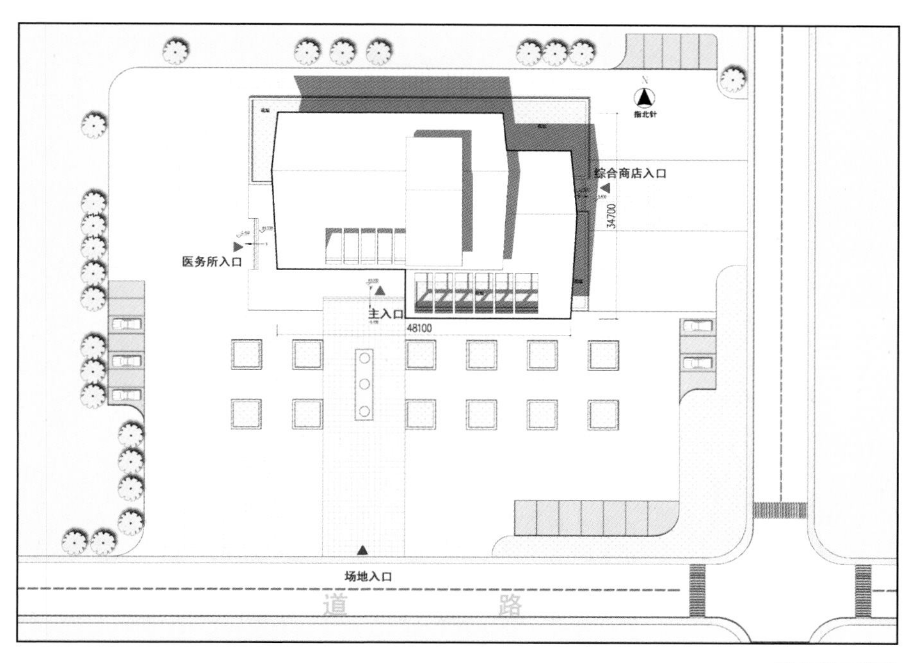

总平面图

■ 设计说明

本方案位于十字路口西北侧，两层，建筑功能主要包括多功能厅、信息中心、科技展室、医务所、村委会和综合商店等六部分；总建筑面积1064m²；砖混结构。

建筑布局是以两个矩形“交错”形成一个整体的功能空间。科技展室与休闲区等公共空间置于两个矩形相交的部分，其中局部设置二层，作为整个方案的制高点。南侧布置采光要求较高的办公室和医务所。北排布置超市、礼堂，层高较高。医务所与综合商店的对外性较强，各自有对外的出入口，方便村民使用。

本村民中心设计在造型方面，使用了大坡屋顶。部分镂空形成光影的韵律感，大的挑檐显得建筑厚重踏实，再加上当地石材与林区木材的使用，使整个建筑格调优雅。相信这种新的乡村风格也会为村民带来崭新的视觉感受与生活体验。

面积指标		面积分配表	
总建筑面积	1064m²	办公室	95m²
		多功能厅	211m²
		综合商店	151m²
		卫生室	102m²
		其他	505m²

内蒙古工业大学地域建筑研究所
内蒙古工大建筑设计有限责任公司

□ 通辽市村民之家

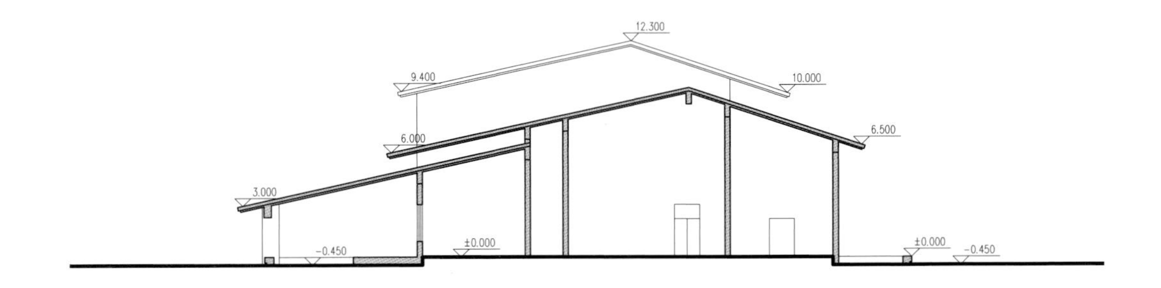

剖面图

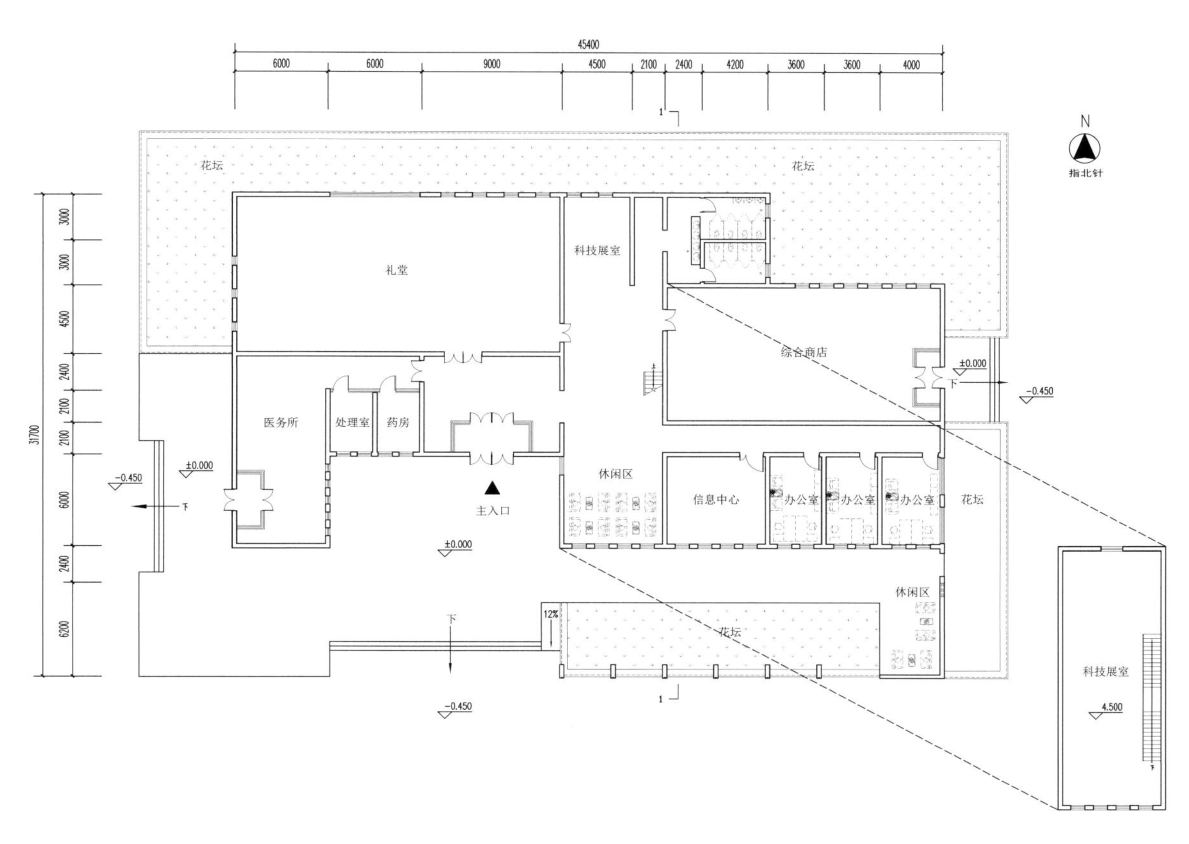

45400
6000
6000
9000
4500
2100
2400
4200
3600
3600
4000
N
指北针
花坛
花坛
礼堂
科技展室
综合商店
医务所
处理室
药房
休闲区
信息中心
办公室
办公室
办公室
花坛
主入口
±0.000
-0.450
休闲区
花坛
12%
下
-0.450
科技展室
4.500

平面图

IMRAI

通辽市村镇村民中心　方案十

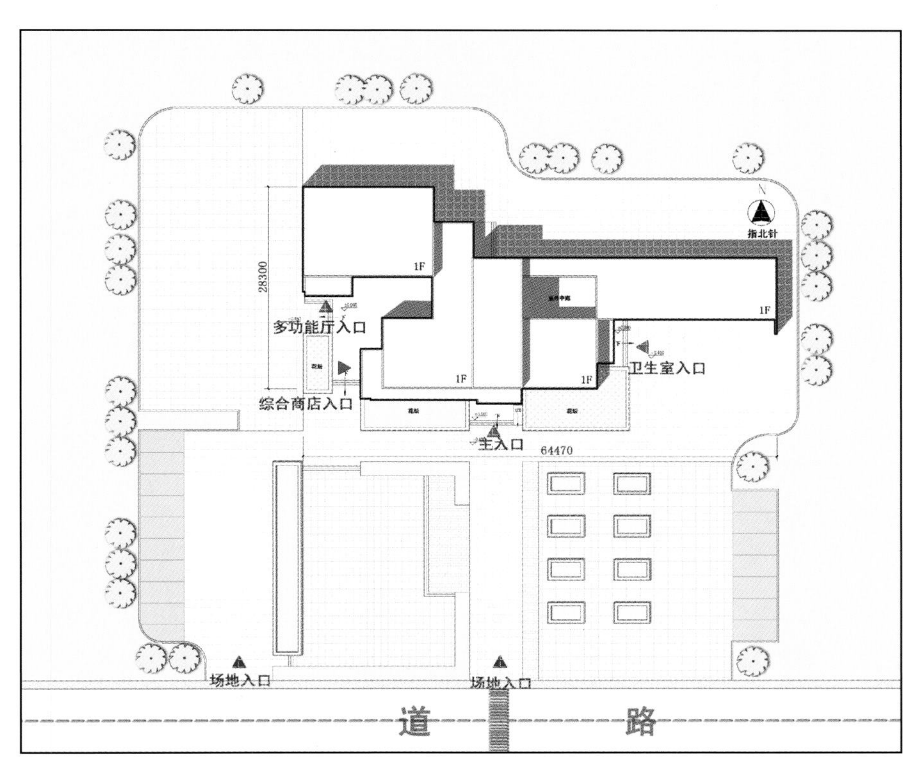

总平面图

■ 设计说明

本方案位于道路北侧，单层，建筑功能主要包括多功能厅、信息中心、卫生室、村委会和综合商店等五部分；总建筑面积959m²；砖混结构。

建筑布局是以一个室内的公共空间作为整个建筑的核心联系其他的功能空间。向东侧延伸出走廊，布置层高较低而采光要求高的办公室、信息中心和卫生室；综合商店、多功能厅层高较高，布置在建筑西侧。整个建筑形体错落使得每个功能空间在有限的地块内都得到南向的采光。

本村民中心设计充分考虑到通辽地区夏干热、冬严寒、多风沙的气候特征，在建筑中以“共享公共空间”这一主要设计元素为出发点，发散各个功能分区，再加上体块之间的错落，使得采光、通风等问题迎刃而解。为了解决“公共空间”的采光，增加了侧高窗，更能够营造核心空间的重要氛围。

面积指标		面积分配表	
总建筑面积	959m²	办公室	132m²
		多功能厅	209m²
		综合商店	127m²
		卫生室	88m²
		其他	403m²

内蒙古工业大学地域建筑研究所
内蒙古工大建筑设计有限责任公司

□ 通辽市村民之家

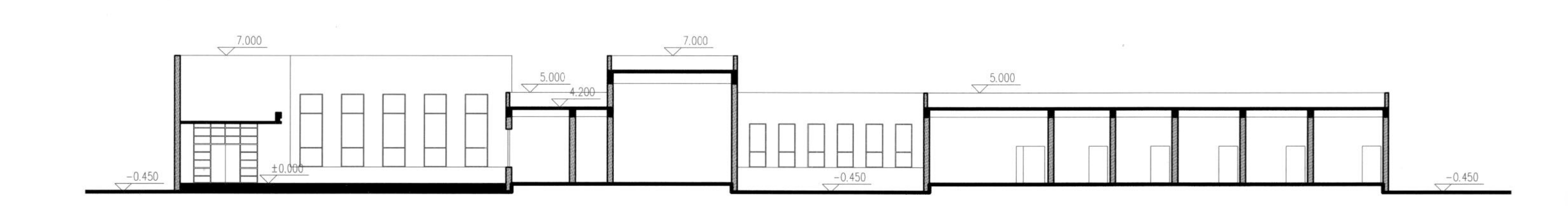

剖面图

方案十 □

村委会
超市

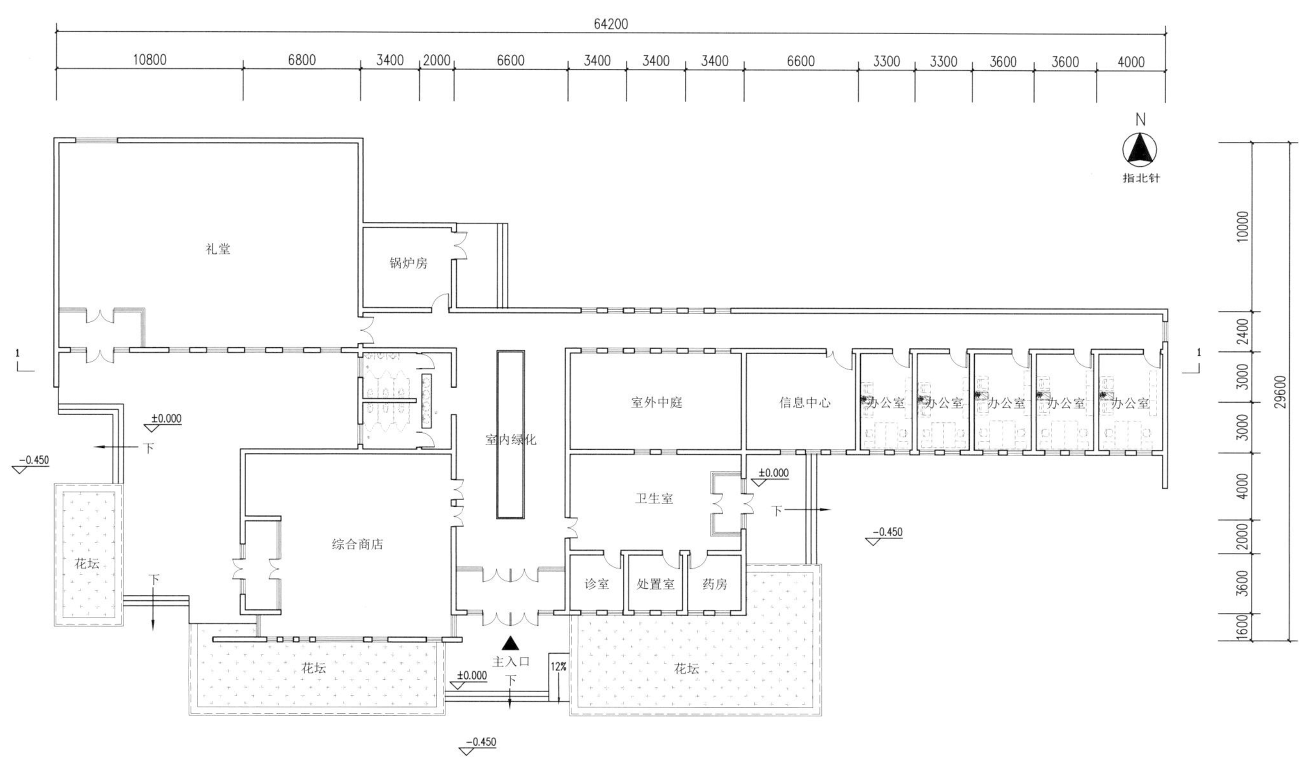

64200
10800
6800
3400
2000
6600
3400
3400
3400
6600
3300
3300
3600
3600
4000
N
指北针
礼堂
锅炉房
室外中庭
信息中心
办公室
办公室
办公室
办公室
办公室
室内绿化
±0.000
下
-0.450
卫生室
±0.000
综合商店
花坛
诊室
处置室
药房
花坛
花坛
主入口
12%
±0.000
-0.450
10000
2400
3000
3000
4000
2000
3600
1600
29600

平面图

IMRAI

通辽市村镇村民中心 方案十一

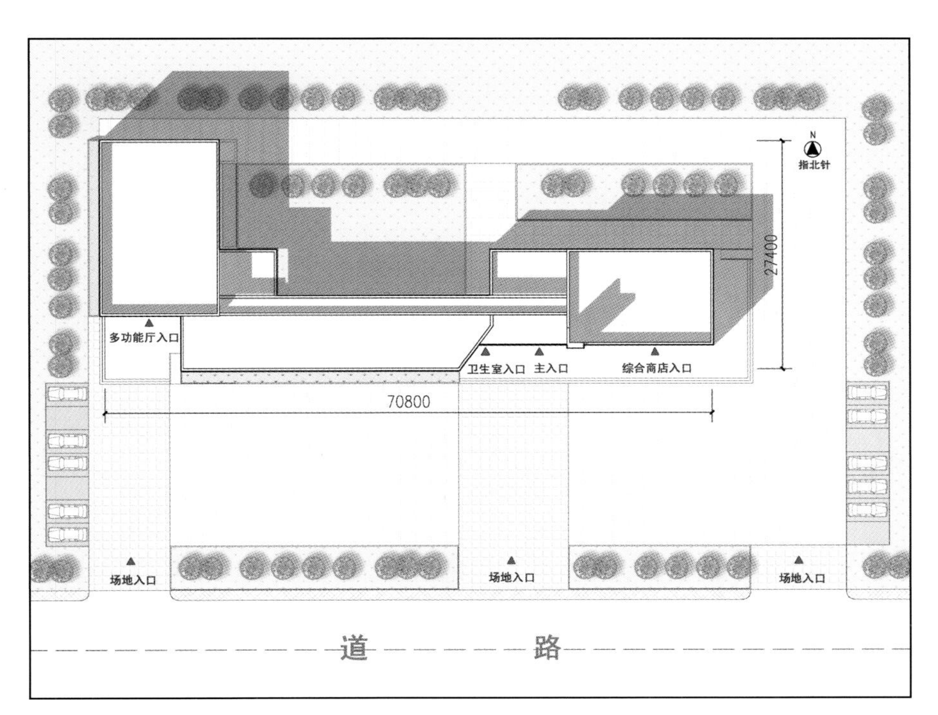

总平面图

■ 设计说明

本方案位于道路北侧，单层，建筑功能主要包括多功能厅、信息中心、医务所、村委会和超市等五部分；总建筑面积808.68m²；砖混结构。

建筑布局是以东西方向为主线来安排功能空间，使得所有用房充分享受南面的直接采光，给人以舒适感。东西两侧布置空间较大的综合商店和多功能厅，中间部分布置空间较小、层高较低的办公室和医务室，从而形成一个两边呼应、中间略低的错落空间。北向外廊贯通整个建筑，形成以东侧为主、西侧为辅的主次出入口。

本村民中心设计充分考虑到村民的生活习惯，房屋都以南北开间单向布置，从而享有充足的日照和良好的通风。本方案营造了一个适于村民聚集和活动的户外广场，由内到外互相呼应。本方案以村民为中心，力求为新农村建设提供一个交流和活动平台。

面积指标		面积分配表	
总建筑面积	808m²	办公室	146m²
		多功能厅	264m²
		综合商店	141m²
		卫生室	94m²
		其他	163m²

内蒙古工业大学地域建筑研究所
内蒙古工大建筑设计有限责任公司

□ 通辽市村民之家

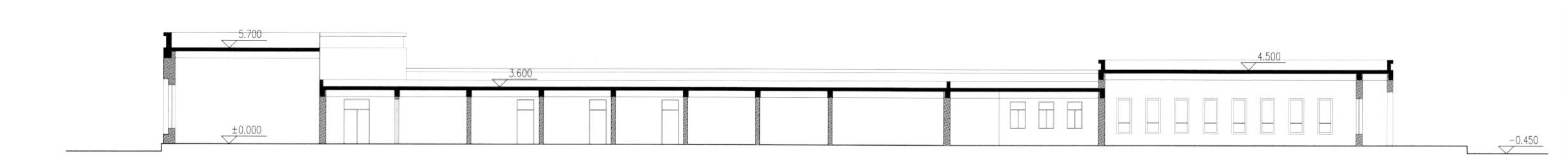

剖面图

村民中心
超市

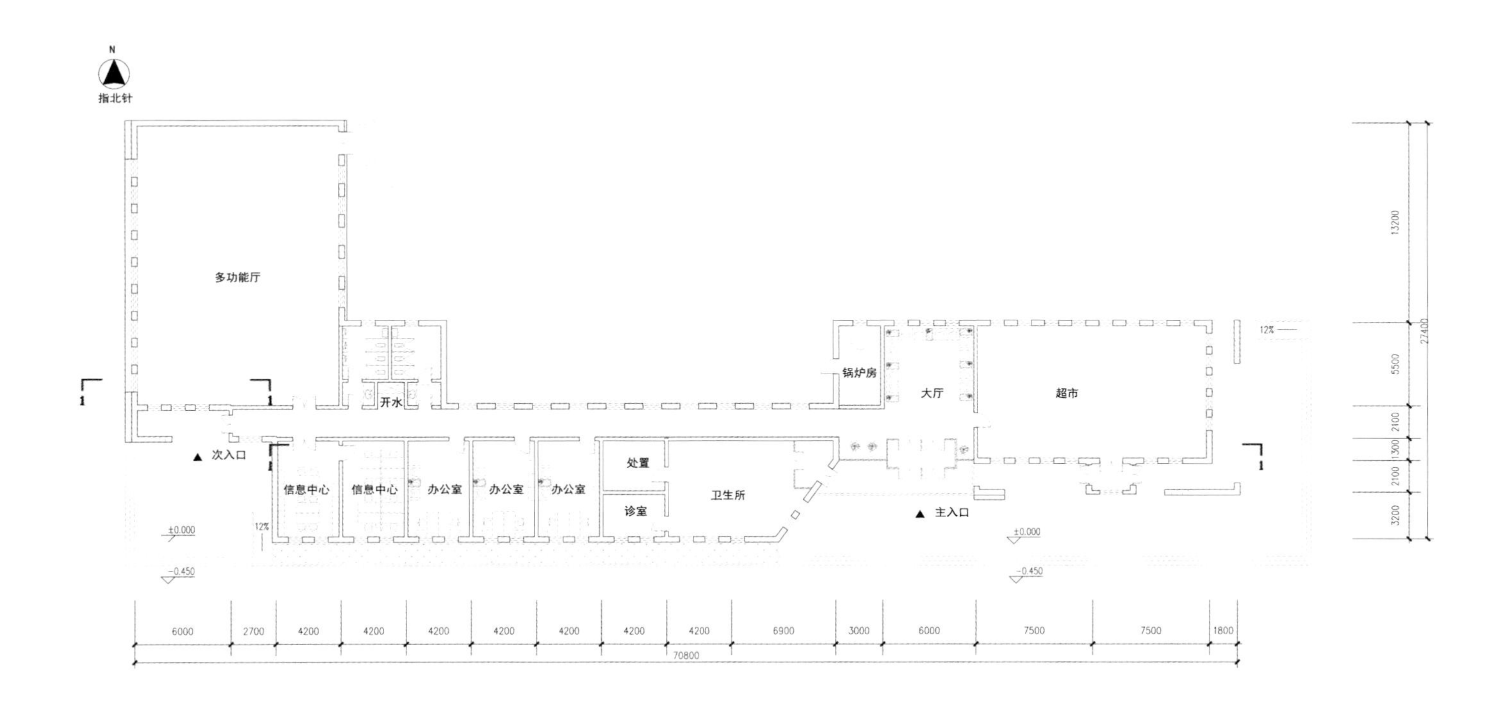
N
指北针
多功能厅
开水
锅炉房
大厅
超市
次入口
信息中心
信息中心
办公室
办公室
办公室
处置
诊室
卫生所
主入口
6000
2700
4200
4200
4200
4200
4200
4200
4200
6900
3000
6000
7500
7500
1800
70800
15200
5500
2100
1300
2100
3200
27400

平面图

IMRAI

通辽市村镇村民中心 方案十二

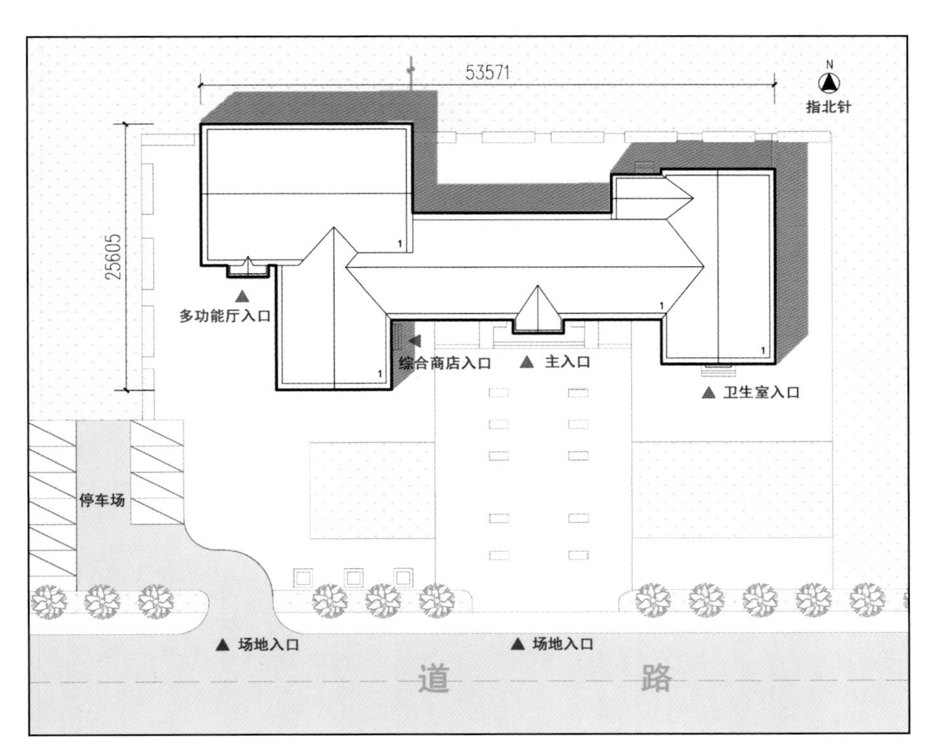

总平面图

■ 设计说明

本方案位于道路北侧，单层，建筑功能主要包括多功能厅、信息中心、卫生室、村委会和综合商店等五部分；总建筑面积846.8m^2；砖混结构。

本设计通过“连廊”联系各个功能空间，使得各个功能空间能够独立使用。同时，使用者在连廊中能够感受到空间的变化，打破建筑的枯燥感，增加了空间的趣味性。由于空间的功能要求不同，各个空间的高度不同，形成了富有变化的建筑形体。

基地地处蒙古族聚居村，建筑采用蒙元文化的符号作为其窗套，使得建筑能够更好地融入乡村中；在外部环境设计上，开敞的广场给村民提供了娱乐活动空间。

面积指标		面积分配表	
总建筑面积	847m^2	办公室	114m^2
		多功能厅	230m^2
		综合商店	93m^2
		卫生室	88m^2
		其他	322m^2

内蒙古工业大学地域建筑研究所
内蒙古工大建筑设计有限责任公司

□ 通辽市村民之家

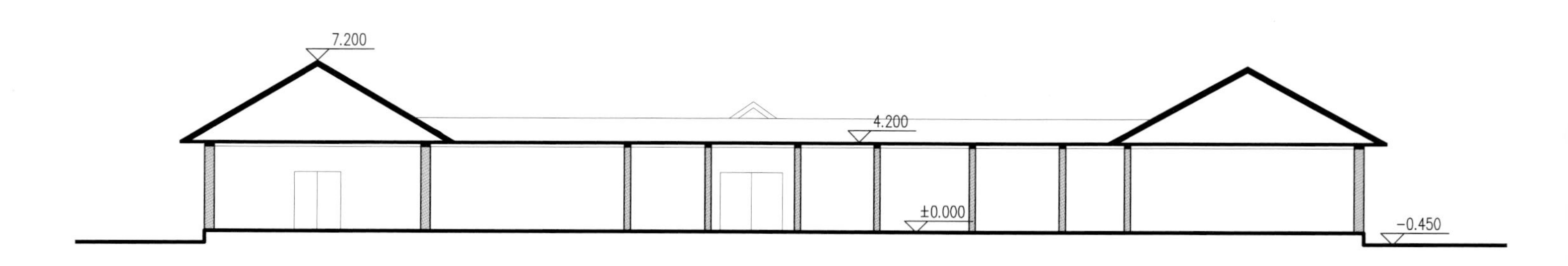

剖面图

礼堂
超市

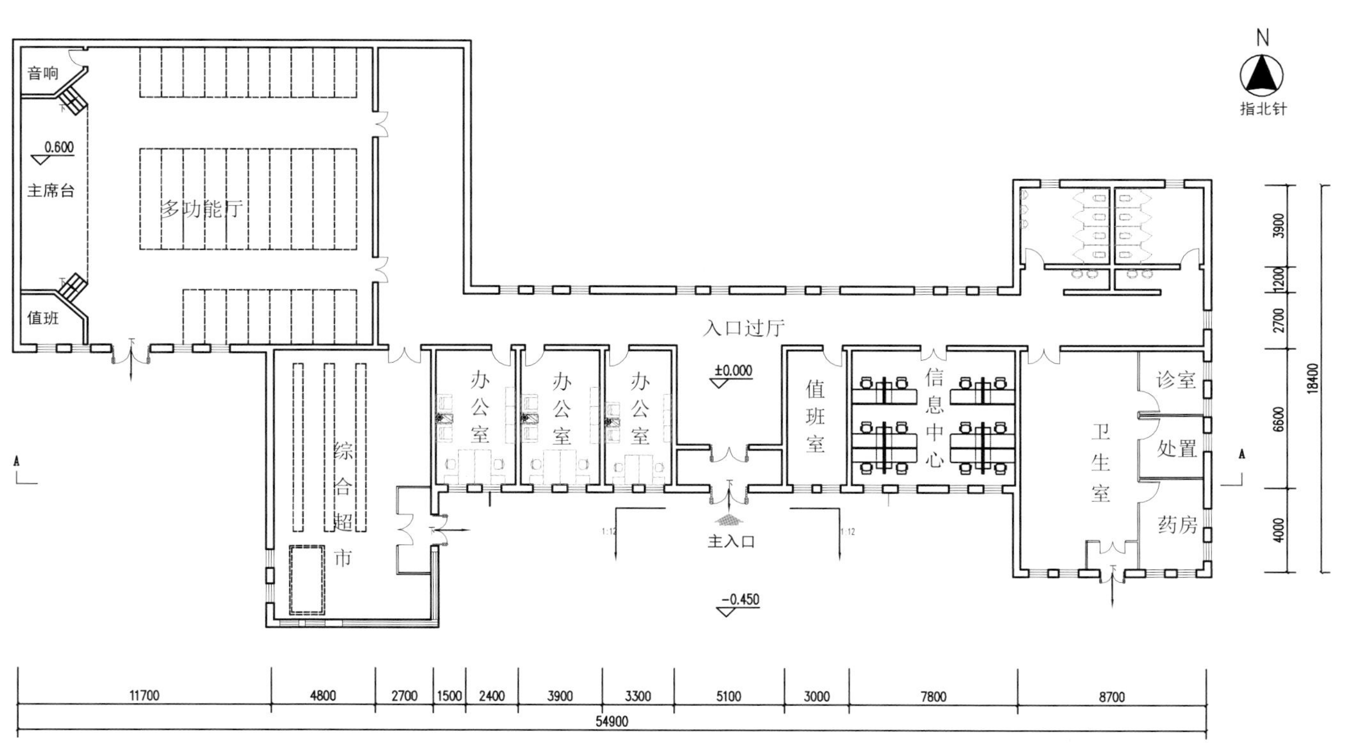
N
指北针
音响
0.600
主席台
多功能厅
值班
入口过厅
办公室
办公室
办公室
±0.000
值班室
信息中心
诊室
处置
卫生室
药房
综合超市
主入口
-0.450
A
A
3900
1200
2700
6600
4000
18400
11700
4800
2700
1500
2400
3900
3300
5100
3000
7800
8700
54900

平面图

IMRAI

通辽市村镇村民中心 方案十三

■ 设计说明

本方案位于道路北侧，单层，建筑功能主要包括多功能厅、信息中心、卫生室、村委会和综合商店等五部分；总建筑面积900m²；砖混结构。

建筑布局是以走道联系南面单排的办公用房，多功能厅、综合商店呈八角形独立布置，各个房间均为南向采光，只有卫生间、锅炉房等辅助空间为北向采光。主入口从南侧进入，与各功能用房联系便捷。

本村民中心设计充分考虑到通辽地区夏干热、冬严寒、多风沙的气候特征，所以房间均为南向采光。材质以暖黄色涂料为主，建筑立面引用蒙元文化符号，结合现代建筑的设计手法，极具地方民族特色。

65800
N
指北针
28500
19000
12%
主入口
卫生室入口
多功能厅入口
综合商店入口
场地入口
场地入口
道 路

总平面图

面积指标		面积分配表	
总建筑面积	900m²	办公室	138m²
		多功能厅	284m²
		综合商店	133m²
		卫生室	60m²
		其他	285m²

内蒙古工业大学地域建筑研究所
内蒙古工大建筑设计有限责任公司

□ 通辽市村民之家

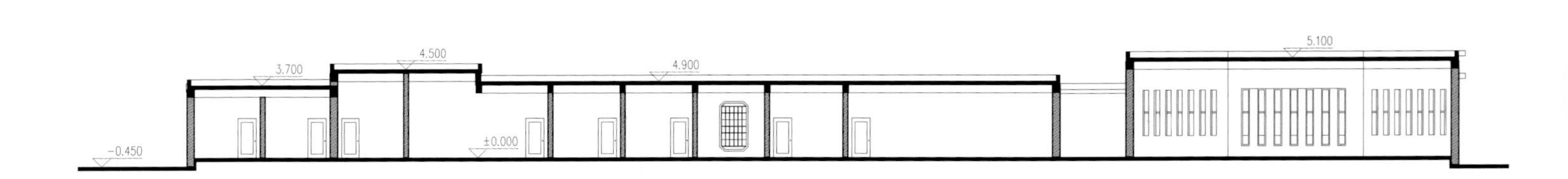

剖面图

村 民 中 心

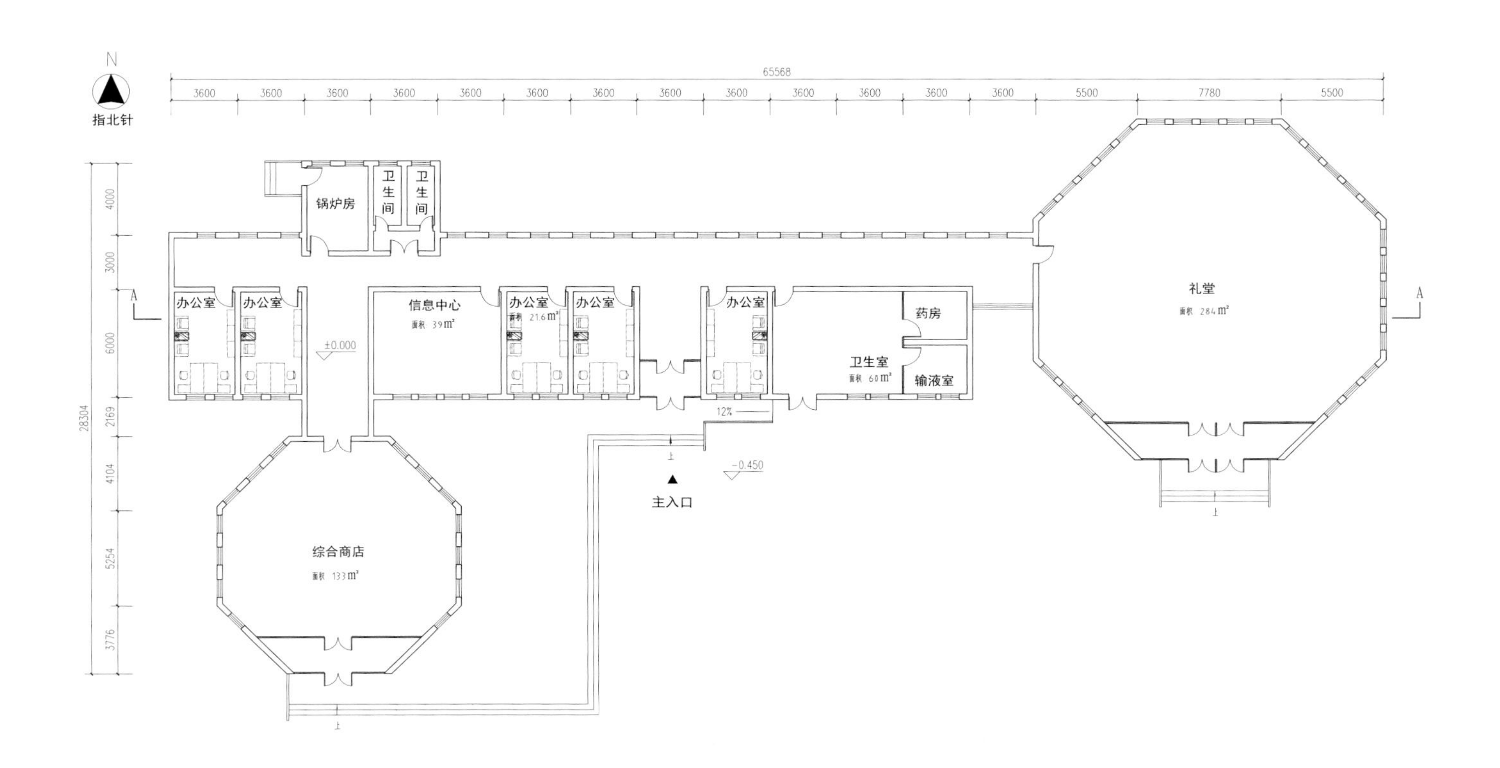
N
指北针
65568
3600
3600
3600
3600
3600
3600
3600
3600
3600
3600
3600
3600
3600
5500
7780
5500
4000
3000
6000
2169
4104
5254
3776
28304
锅炉房
卫生间
卫生间
A
办公室
办公室
±0.000
信息中心
面积 39m²
办公室
面积 21.6m²
办公室
办公室
药房
卫生室
面积 60m²
输液室
12%
-0.450
主入口
礼堂
面积 284m²
A
综合商店
面积 133m²

平面图

IMRAI

通辽市村镇村民中心　方案十四

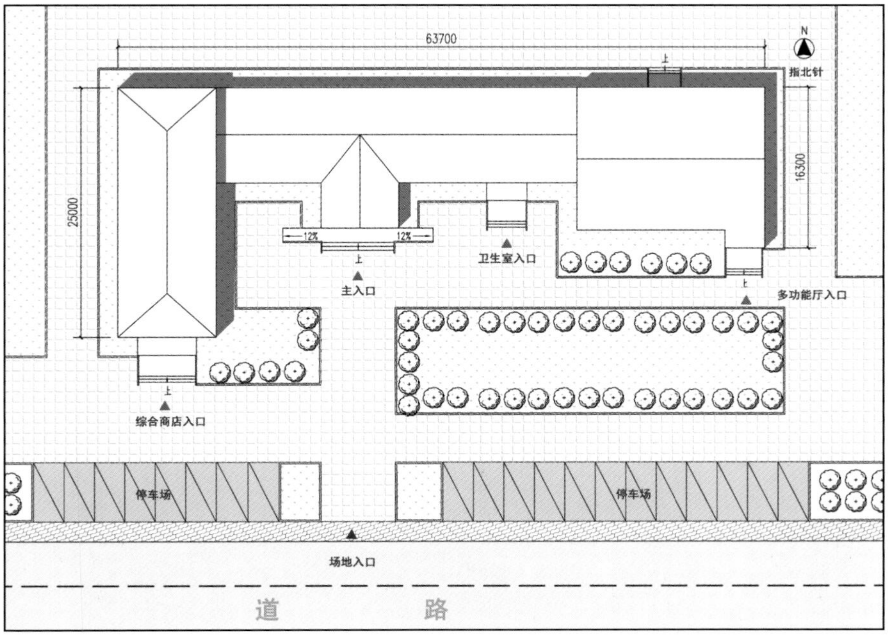

总平面图

■ 设计说明

本方案位于道路北侧，单层，建筑功能主要包括多功能厅、信息中心、卫生室、村委会和综合商店等五部分；总建筑面积909m^2；砖混结构。

建筑布局是以走道联系南面的各功能用房，各个房间均为南向采光，只有卫生间、锅炉房等辅助空间为北向采光。主入口从南侧进入，与各功能用房联系便捷，且各功能区域有其独立的出入口，方便服务村民。

本村民中心设计房间均为南向采光，充分考虑了气候特征。本设计运用汉式建筑典型的坡屋顶形式，结合红色砖墙及简洁大方的开窗形式，具有浓郁的北方地域特色，形成极强的亲和力。

面积指标		面积分配表	
总建筑面积	909m^2	办公室	150m^2
		多功能厅	191m^2
		综合商店	95m^2
		卫生室	63m^2
		其他	410m^2

内蒙古工业大学地域建筑研究所
内蒙古工大建筑设计有限责任公司

□ 通辽市村民之家

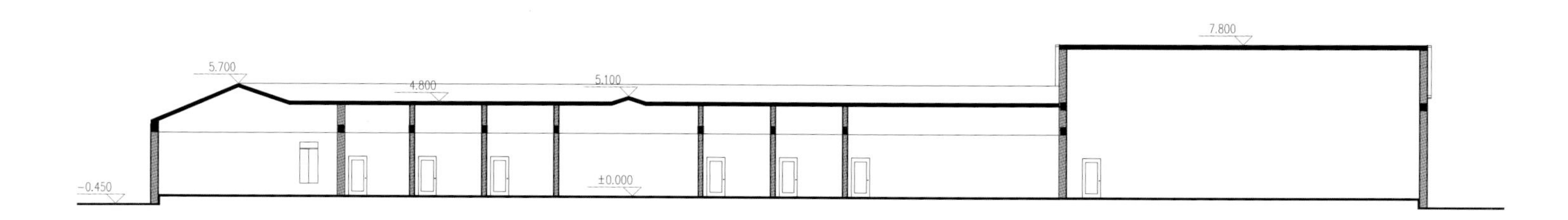

剖面图

超市
村民中心

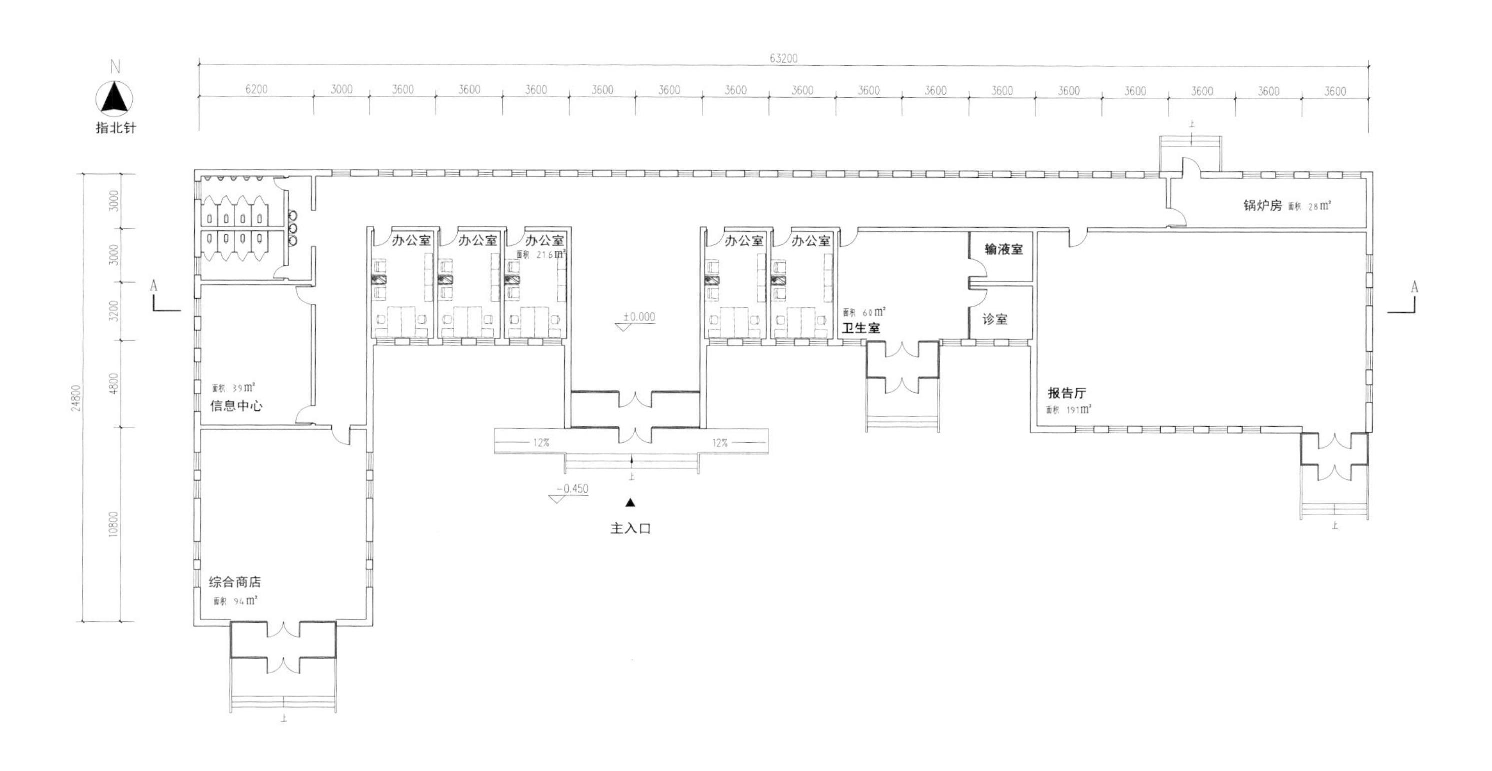
N
指北针
63200
6200
3000
3600
24800
3000
3200
4800
10800
A
办公室
面积 21.6m²
±0.000
面积 60m²
卫生室
输液室
诊室
锅炉房 面积 28m²
报告厅
面积 191m²
面积 39m²
信息中心
综合商店
面积 94m²
12%
-0.450
主入口

平面图

IMRAI

通辽市村镇村民中心 方案十五

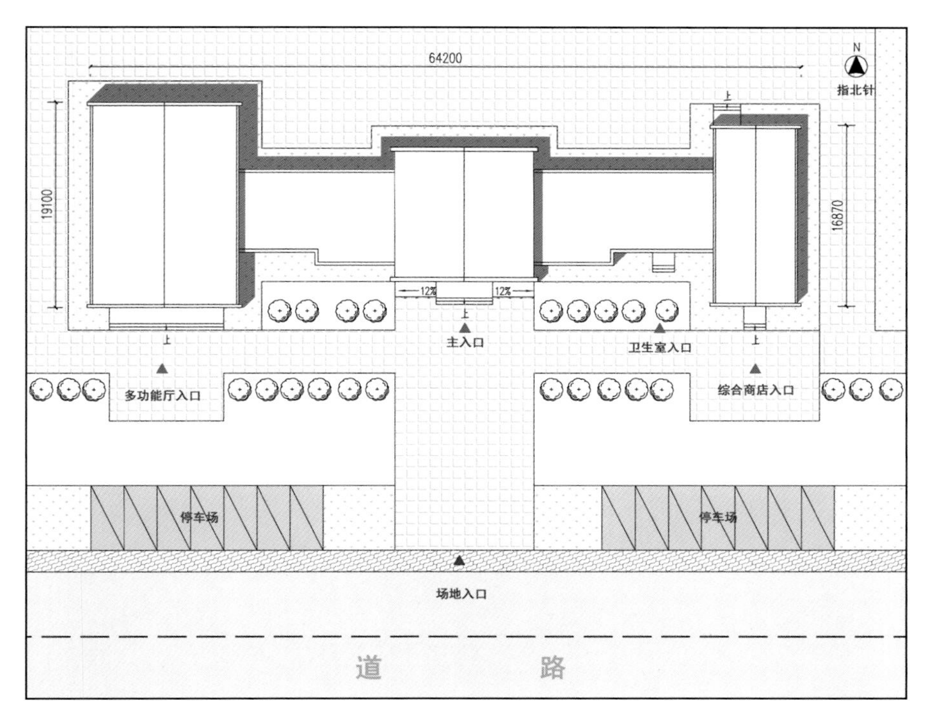

总平面图

■ 设计说明

本方案位于道路北侧，单层，建筑功能主要包括多功能厅、信息中心、卫生室、村委会和综合商店等五部分；总建筑面积793m²；砖混结构。

建筑布局是以走道联系南面的各功能用房，各个房间均为南向采光，只有卫生间、锅炉房等辅助空间北向采光。主入口从南侧进入，与各功能用房联系便捷，且各功能区域有其独立的出入口，方便服务村民。

本村民中心设计房间均为南向采光，充分考虑了气候特征。本设计为蒙汉结合式建筑，运用典型的坡屋顶形式，结合红色砖墙及简洁大方的开窗形式，在墙身上点缀蒙元文化符号，很好地体现了建筑的地域性文化。

面积指标		面积分配表	
总建筑面积	793m²	办公室	133m²
		多功能厅	234m²
		综合商店	79m²
		卫生室	92m²
		其他	255m²

内蒙古工业大学地域建筑研究所
内蒙古工大建筑设计有限责任公司

□ 通辽市村民之家

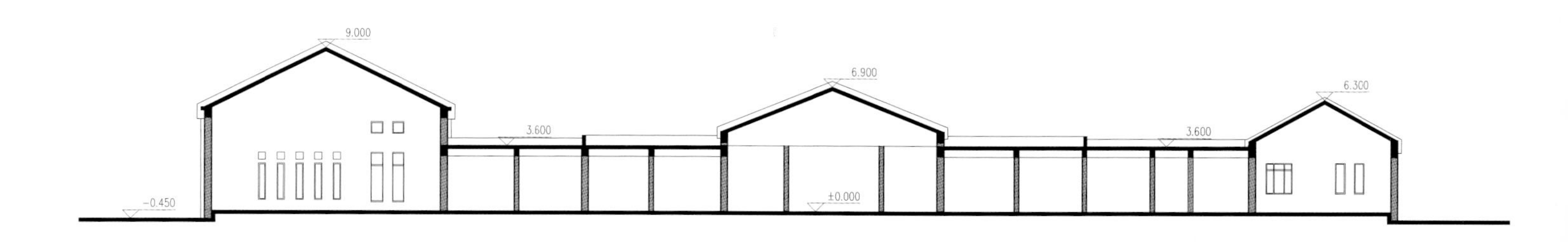

剖面图

礼堂
村民中心
超市

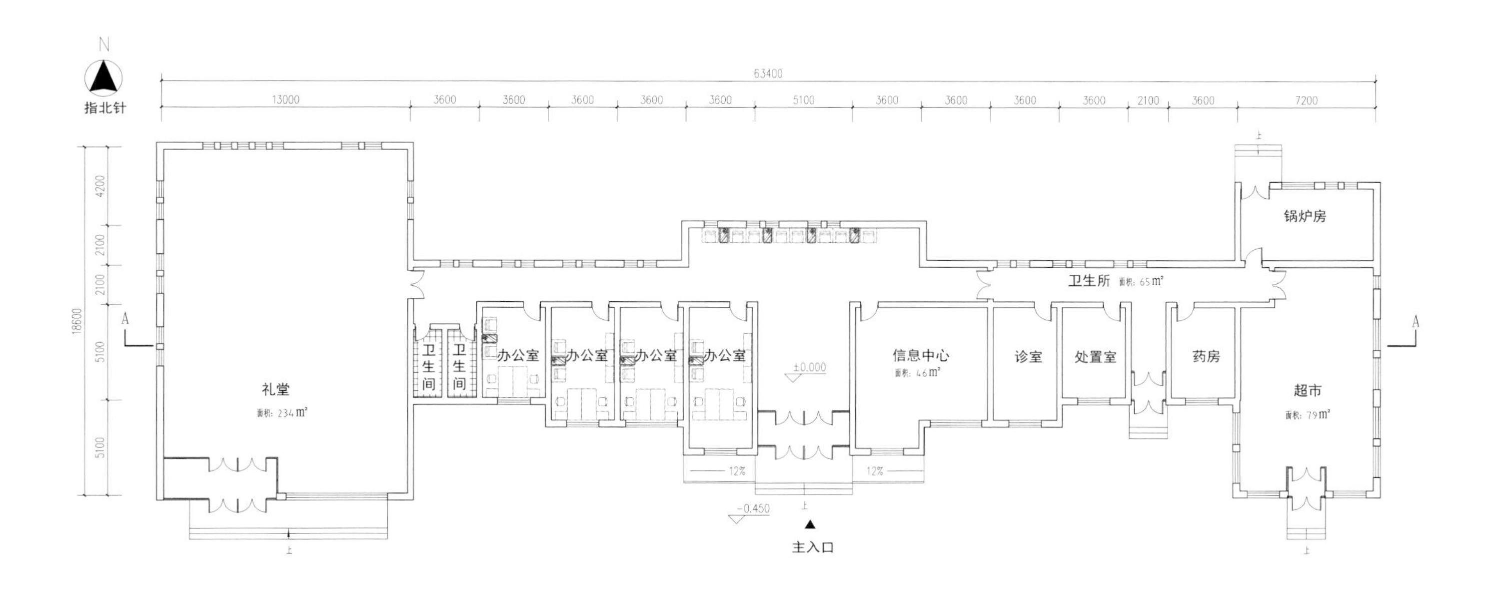
N
指北针
63400
13000
3600
3600
3600
3600
3600
5100
3600
3600
3600
3600
2100
3600
7200
18600
4200
2100
2100
5100
5100
锅炉房
卫生所
办公室
办公室
办公室
办公室
±0.000
信息中心
诊室
处置室
药房
超市
卫生间
卫生间
礼堂
12%
12%
-0.450
主入口
A
A

平面图

IMRAI

通辽市村镇村民中心 方案十六

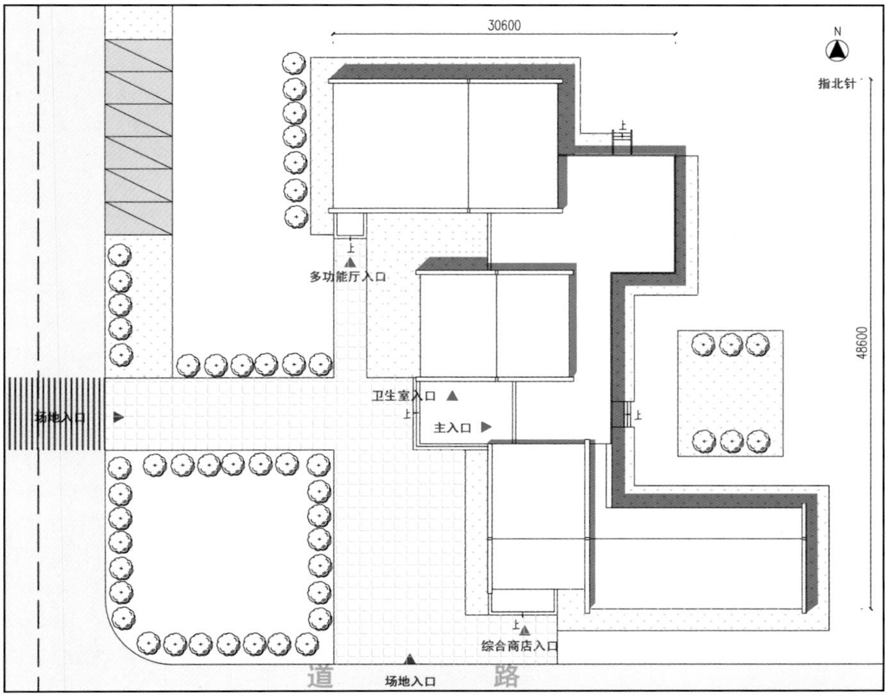

总平面图

■ 设计说明

本方案位于道路转角处，单层，建筑功能主要包括多功能厅、信息中心、卫生室、村委会和综合商店等五部分；总建筑面积923m^2；砖混结构。

建筑布局是以“L形”走道联系各功能用房，各功能用房从西面和南面采光。主入口从西侧进入，与各功能用房联系便捷，且各功能区域有其独立的出入口，方便服务村民。

本设计为汉式演变建筑，运用典型的坡屋顶形式，结合红色砖墙及简洁大方的开窗形式，坡屋顶错落有致，体现了丰富的天际线，既体现了地域性文化特色，又结合了现代风格的设计手法，既庄重又活泼。

面积指标		面积分配表	
总建筑面积	923m^2	办公室	182m^2
		多功能厅	228m^2
		综合商店	107m^2
		卫生室	138m^2
		其他	268m^2

内蒙古工业大学地域建筑研究所
内蒙古工大建筑设计有限责任公司

□ 通辽市村民之家

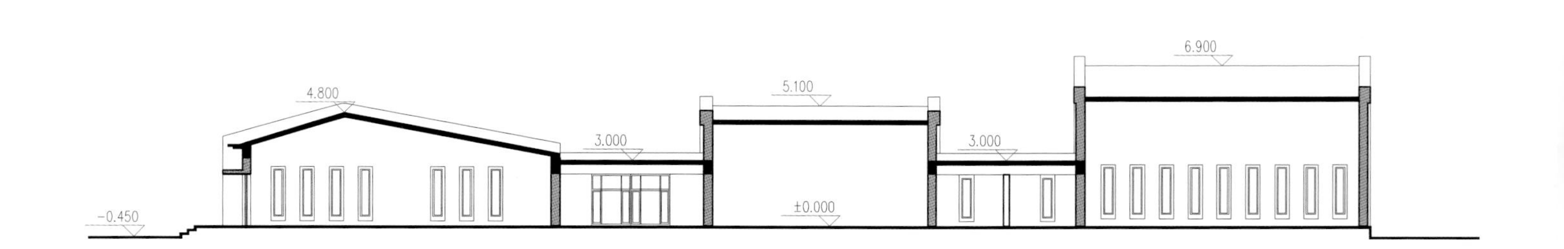

剖面图

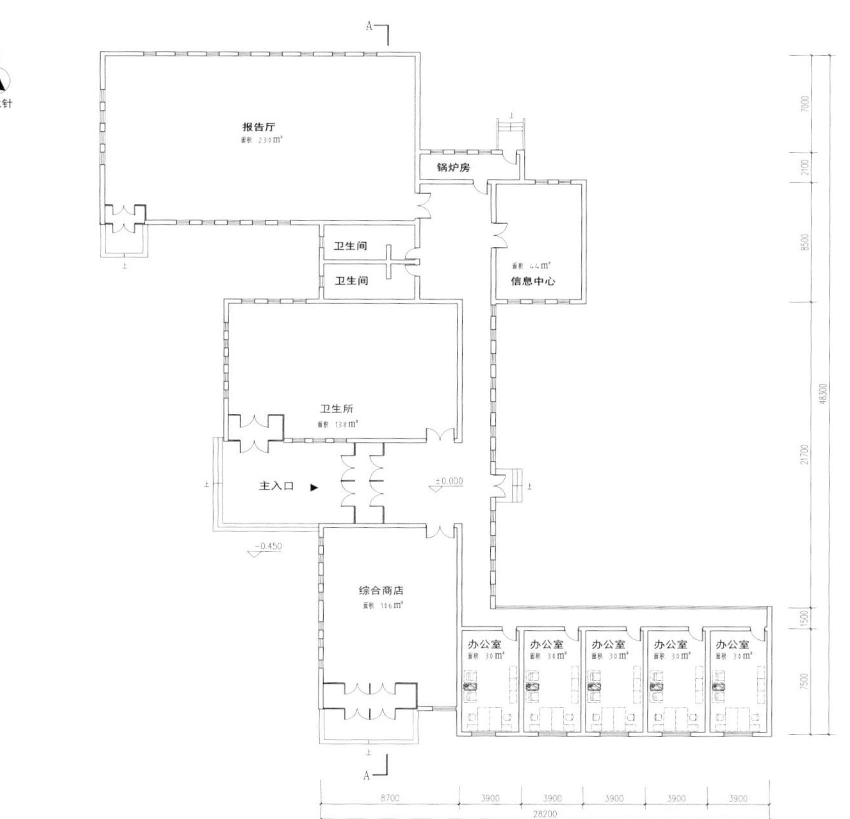
N
指北针
A
报告厅
面积 230m²
锅炉房
卫生间
卫生间
面积 44m²
信息中心
卫生所
面积 138m²
主入口
±0.000
-0.450
综合商店
面积 106m²
办公室
面积 30m²
办公室
面积 30m²
办公室
面积 30m²
办公室
面积 30m²
办公室
面积 30m²
7000
2100
8500
21700
48300
1500
7500
8700
3900
3900
3900
3900
3900
28200

平面图

IMRAI

通辽市村镇村民中心　方案十七

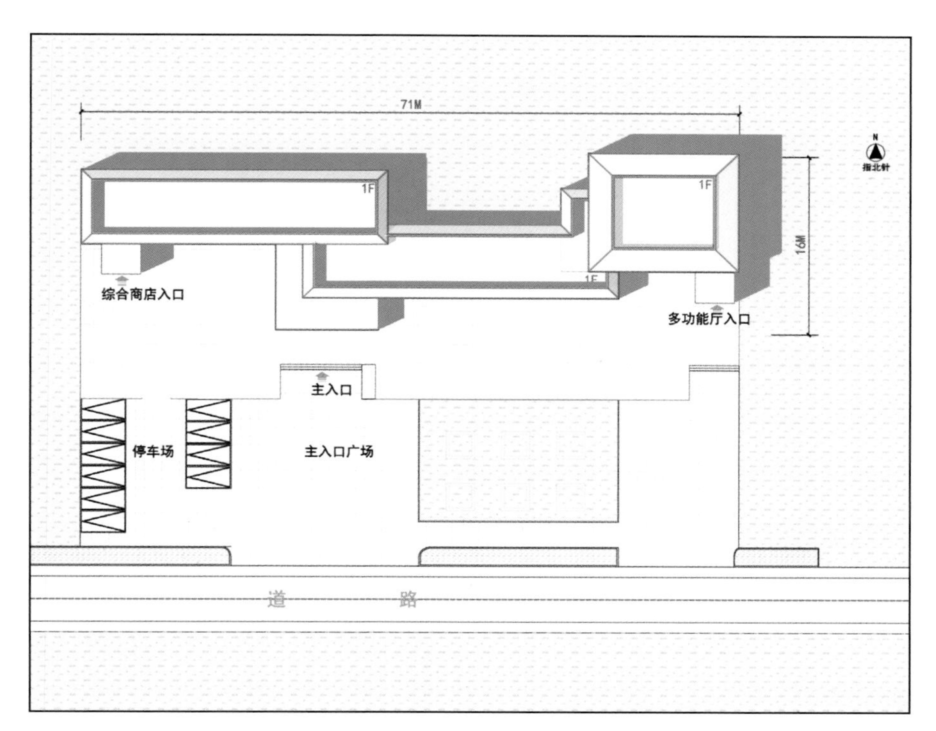

总平面图

■ 设计说明

本方案位于道路以北，单层，建筑功能主要包括多功能厅、信息中心、卫生室、村委会和综合商店等五个部分；总建筑面积718m²；结构形式为砖混结构。

建筑布局呈“一字形”排开，与村民中心“亲民”的建筑特质契合，室内由一条北向走廊把各个功能空间联系起来，良好地解决了通辽严寒的气候条件下建筑所需的采光，且具有保温的作用。

本村民中心设计着重强调建筑的亲和力，在满足功能外，结合本土建筑，屋顶造型与当地民居有所关联，使得建筑与周边建筑良好地融合在一起。建筑周边的环境也结合村民的生活习惯，增加了村民集会场所所需的公共空间，使得村民中心与村民之间的互动关系有所提升，给村民提供了一个良好的交流平台。

面积指标		面积分配表	
总建筑面积	718m²	办公室	120m²
		多功能厅	208m²
		综合商店	96m²
		卫生室	120m²
		其他	178m²

内蒙古工业大学地域建筑研究所
内蒙古工大建筑设计有限责任公司

□ 通辽市村民之家

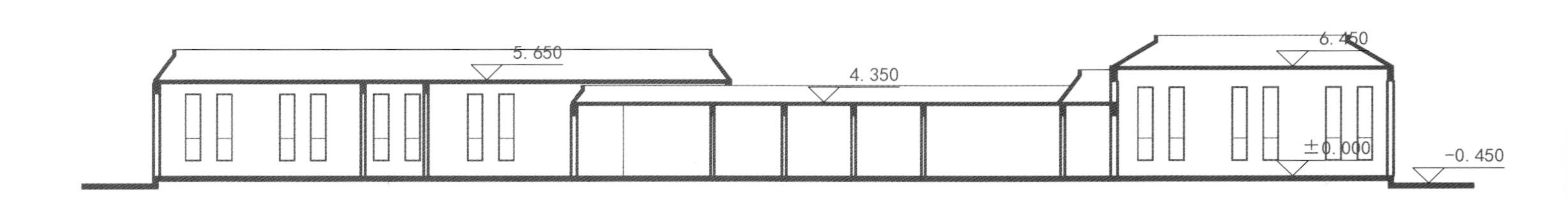

剖面图

村民中心

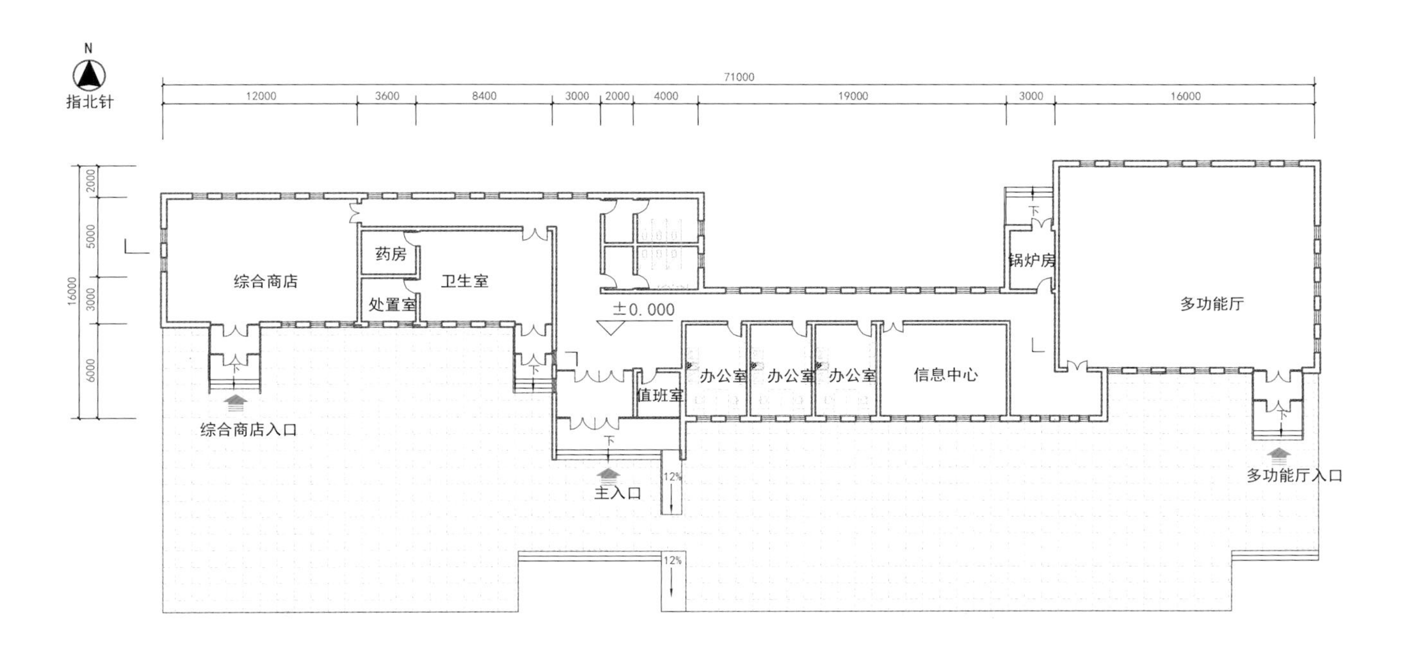
N
指北针
71000
12000
3600
8400
3000
2000
4000
19000
3000
16000
2000
5000
3000
6000
16000
综合商店
药房
卫生室
处置室
±0.000
办公室
办公室
办公室
信息中心
值班室
锅炉房
多功能厅
综合商店入口
主入口
多功能厅入口
12%
12%

平面图

IMRAI

通辽市村镇村民中心 方案十八

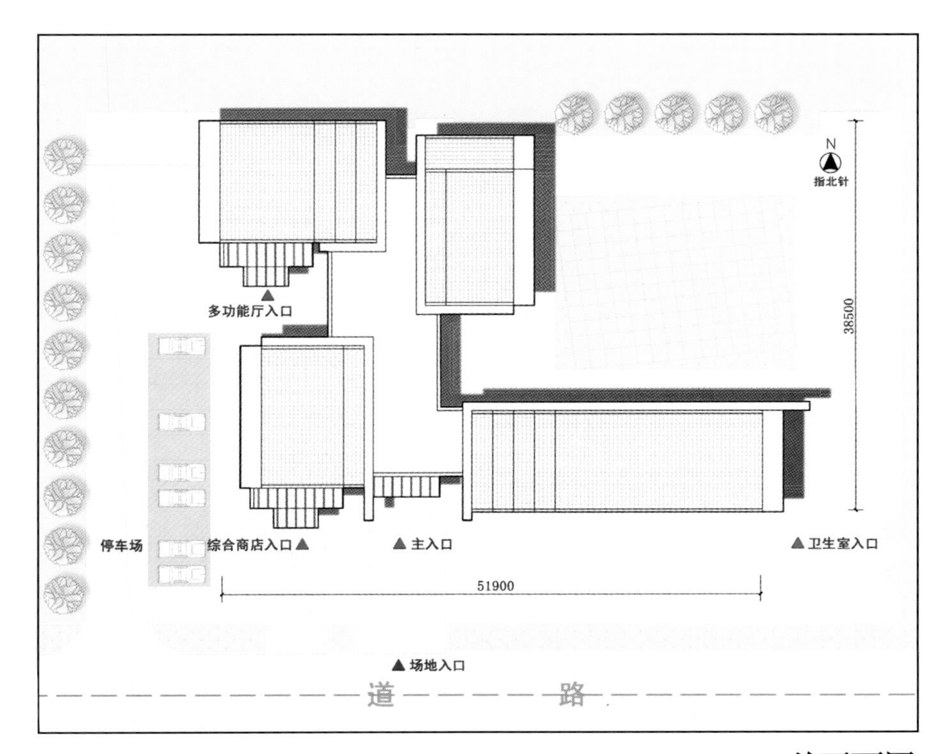

总平面图

■ 设计说明

本方案位于道路北侧，单层，建筑功能主要包括多功能厅、信息中心、卫生室、村委会和综合商店等五部分；总建筑面积1034m²；砖混结构。

建筑布局是以“四个盒子”拼合而成，南排布置层高低而采光要求高的办公室和卫生室；北排布置的多功能厅和科技中心，层高较高。南北两排高差设计使得北排建筑得以有充分的采光。

本村民中心设计充分考虑到通辽地区气候和自然环境等特征，在建筑设计中适当地加入中国北方民居特色的设计元素，墙体采用青砖混凝土相结合的建筑方式，加以条形窗的配合，使得采光、通风等问题迎刃而解，同时为建筑设计了坡屋顶的构造方式，使建筑更具有民族特色。

面积指标		面积分配表	
总建筑面积	$1034m^2$	办公室	$120m^2$
		多功能厅	$200m^2$
		综合商店	$170m^2$
		卫生室	$90m^2$
		其他	$454m^2$

内蒙古工业大学地域建筑研究所
内蒙古工大建筑设计有限责任公司

□ 通辽市村民之家

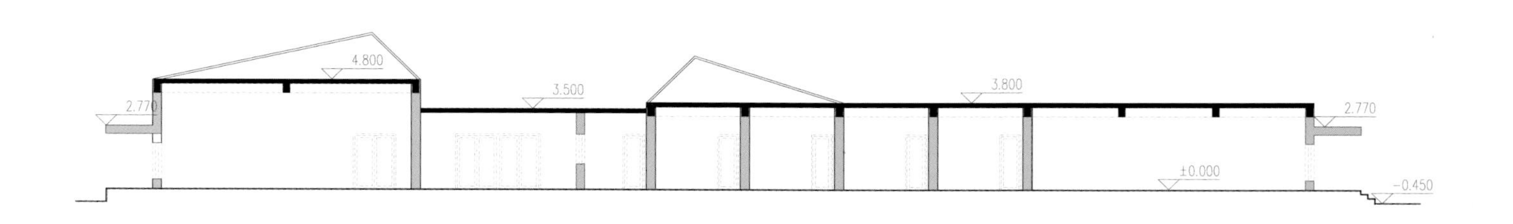

剖面图

方案十八

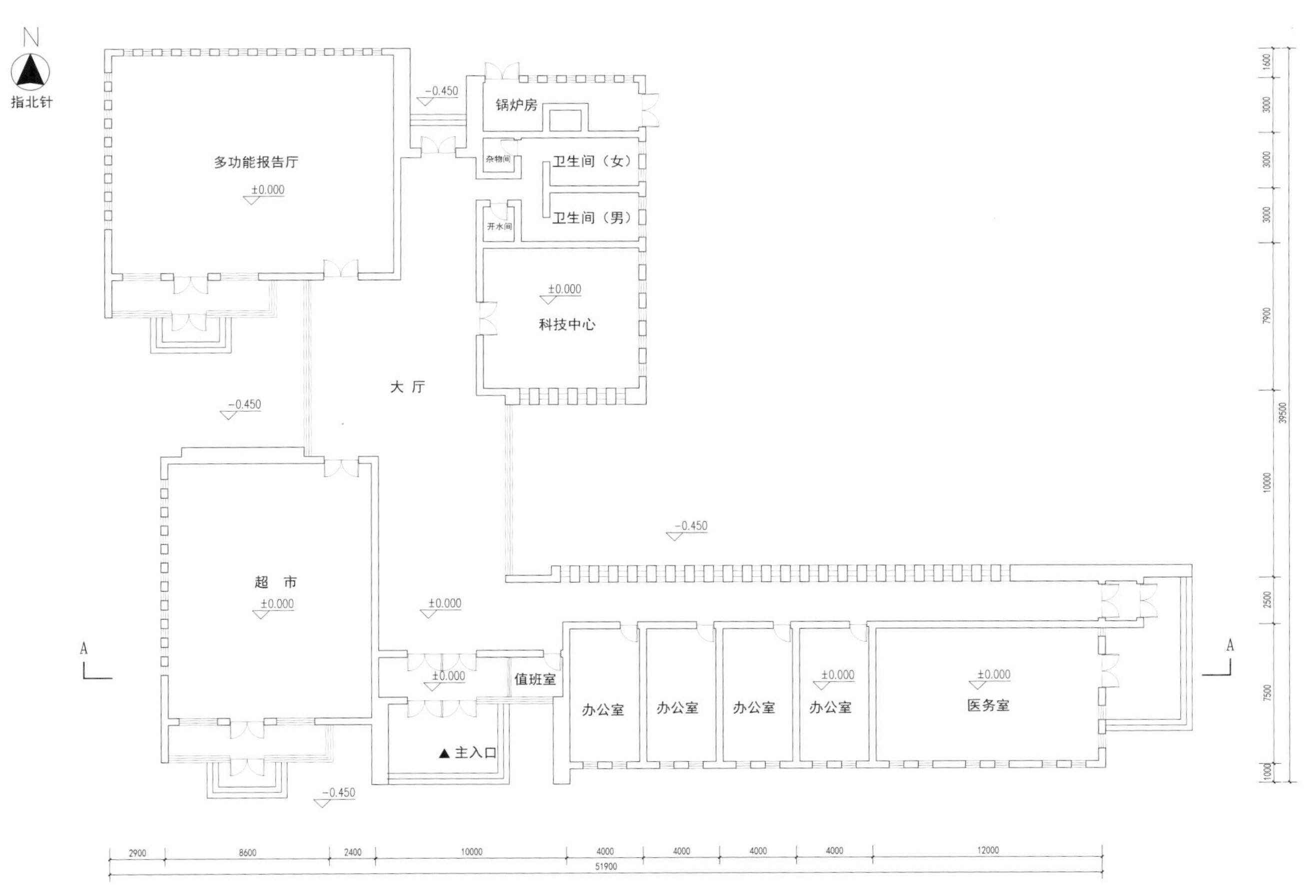

N
指北针
多功能报告厅
±0.000
-0.450
锅炉房
杂物间
卫生间（女）
卫生间（男）
开水间
±0.000
科技中心
大 厅
-0.450
超 市
±0.000
±0.000
-0.450
±0.000
值班室
▲主入口
办公室
办公室
办公室
±0.000
办公室
±0.000
医务室
-0.450
A
A
2900
8600
2400
10000
4000
4000
4000
4000
12000
51900
1600
3000
3000
3000
7900
10000
2500
7500
1000
39500

平面图

IMRAI

通辽市村镇村民中心 方案十九

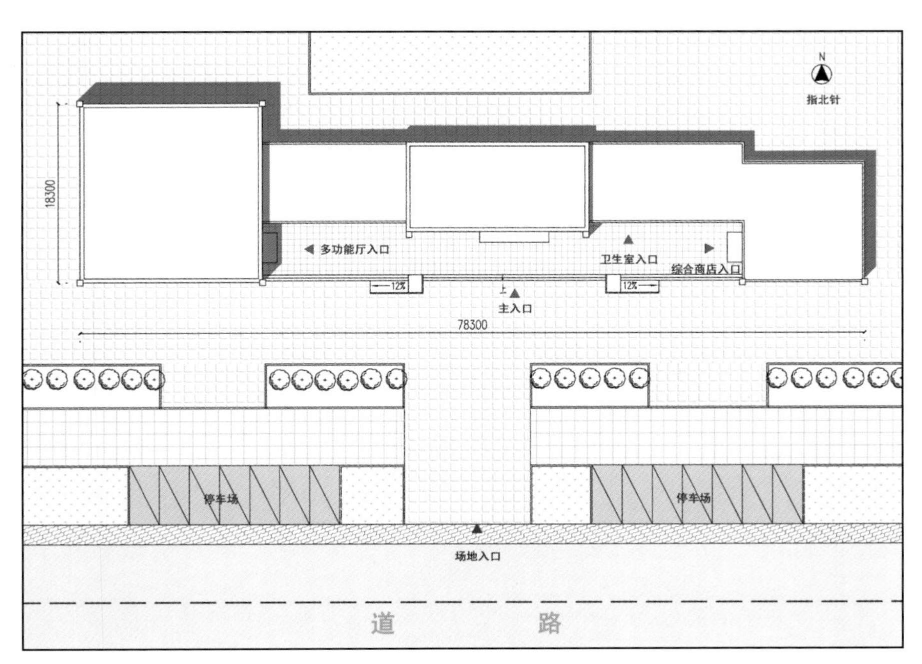

总平面图

■ 设计说明

本方案位于道路北侧，单层，建筑功能主要包括多功能厅、信息中心、卫生室、村委会和综合商店等五部分；总建筑面积906m^2；砖混结构。

建筑布局是以单侧走道联系南面的各功能用房，各功能用房均有南向采光。主入口从南侧进入，与各功能用房联系便捷，且各功能区域有其独立的出入口，方便服务村民。

本村民中心设计充分考虑到通辽地区夏干热、冬严寒、多风沙的气候特征，所以房间均为南向采光。立面结合蒙元文化符号设计，柔和蒙古族色彩中较为鲜艳的色调，形成蒙汉相融的风格特征，有着极强的吸引力。

面积指标		面积分配表	
总建筑面积	906m^2	办公室	126m^2
		多功能厅	313m^2
		综合商店	137m^2
		卫生室	60m^2
		其他	270m^2

内蒙古工业大学地域建筑研究所
内蒙古工大建筑设计有限责任公司

□ 通辽市村民之家

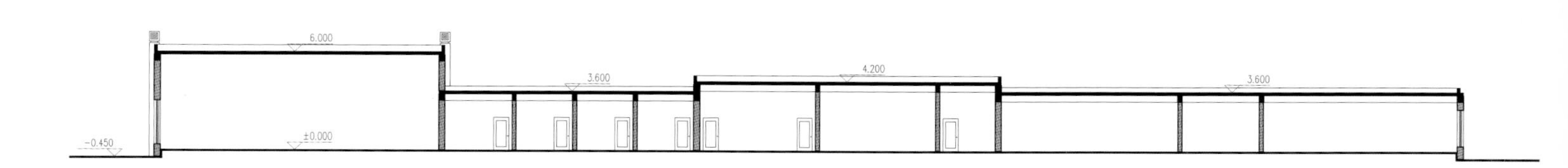

剖面图

村民中心

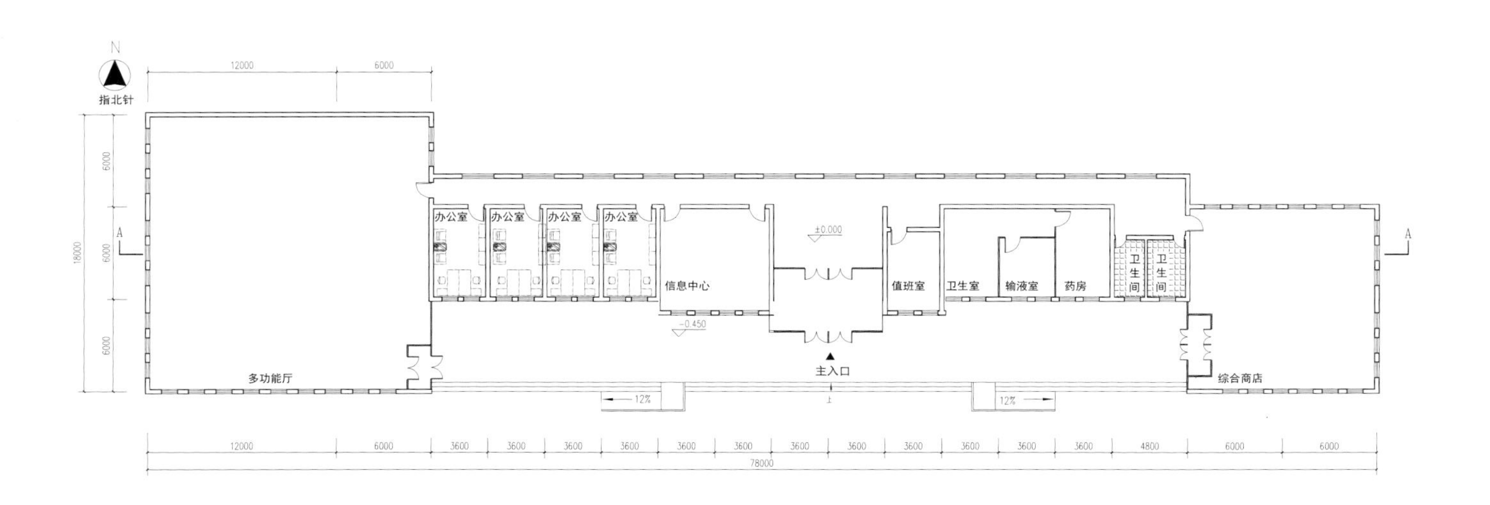
N
指北针
12000
6000
18000
6000
6000
6000
A
A
办公室
办公室
办公室
办公室
信息中心
±0.000
-0.450
值班室
卫生室
输液室
药房
卫生间
卫生间
多功能厅
主入口
综合商店
12%
12%
12000
6000
3600
3600
3600
3600
3600
3600
3600
3600
3600
3600
3600
3600
4800
6000
6000
78000

平面图

IMRAI

通辽市村镇村民中心 方案二十

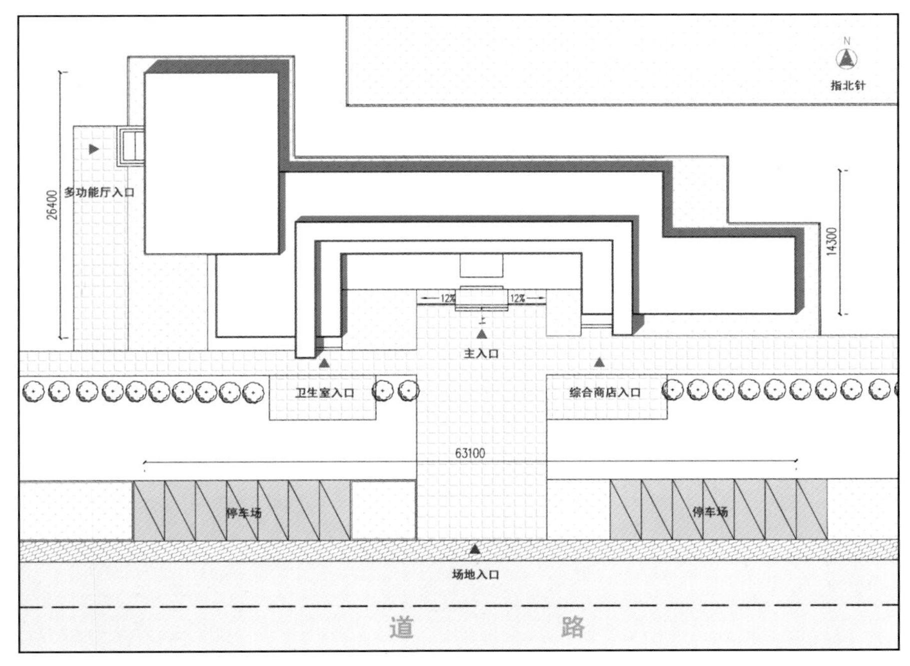

总平面图

■ 设计说明

本方案位于道路北侧，单层，建筑功能主要包括多功能厅、信息中心、卫生室、村委会和综合商店等五部分；总建筑面积804m²；砖混结构。

建筑布局是以单侧走道联系南面的各功能用房。各功能用房均有南向采光，只有卫生间、锅炉房等辅助用房北向采光。主入口从南侧进入，与各功能用房联系便捷，且各功能区域有其独立的出入口，方便服务村民。

本村民中心设计充分考虑到通辽地区夏干热、冬严寒、多风沙的气候特征，所以房间均为南向采光。立面结合蒙元文化符号设计，柔和蒙古族色彩中较为鲜艳的色调，形成蒙汉相融的风格特征，有着极强的吸引力。

面积指标		面积分配表	
总建筑面积	804m²	办公室	156m²
		多功能厅	215m²
		综合商店	84m²
		卫生室	97m²
		其他	252m²

内蒙古工业大学地域建筑研究所
内蒙古工大建筑设计有限责任公司

□ 通辽市村民之家

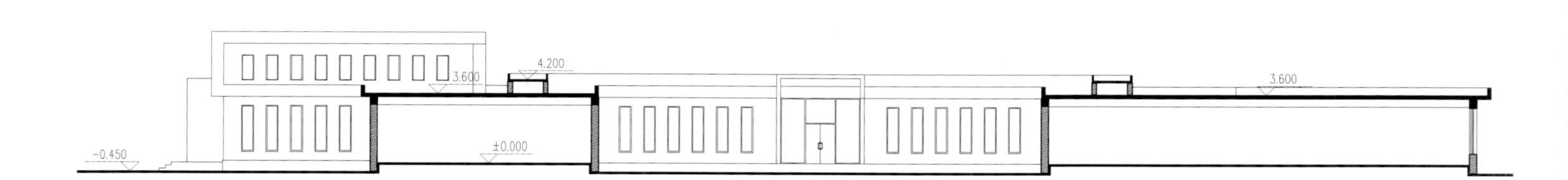

剖面图

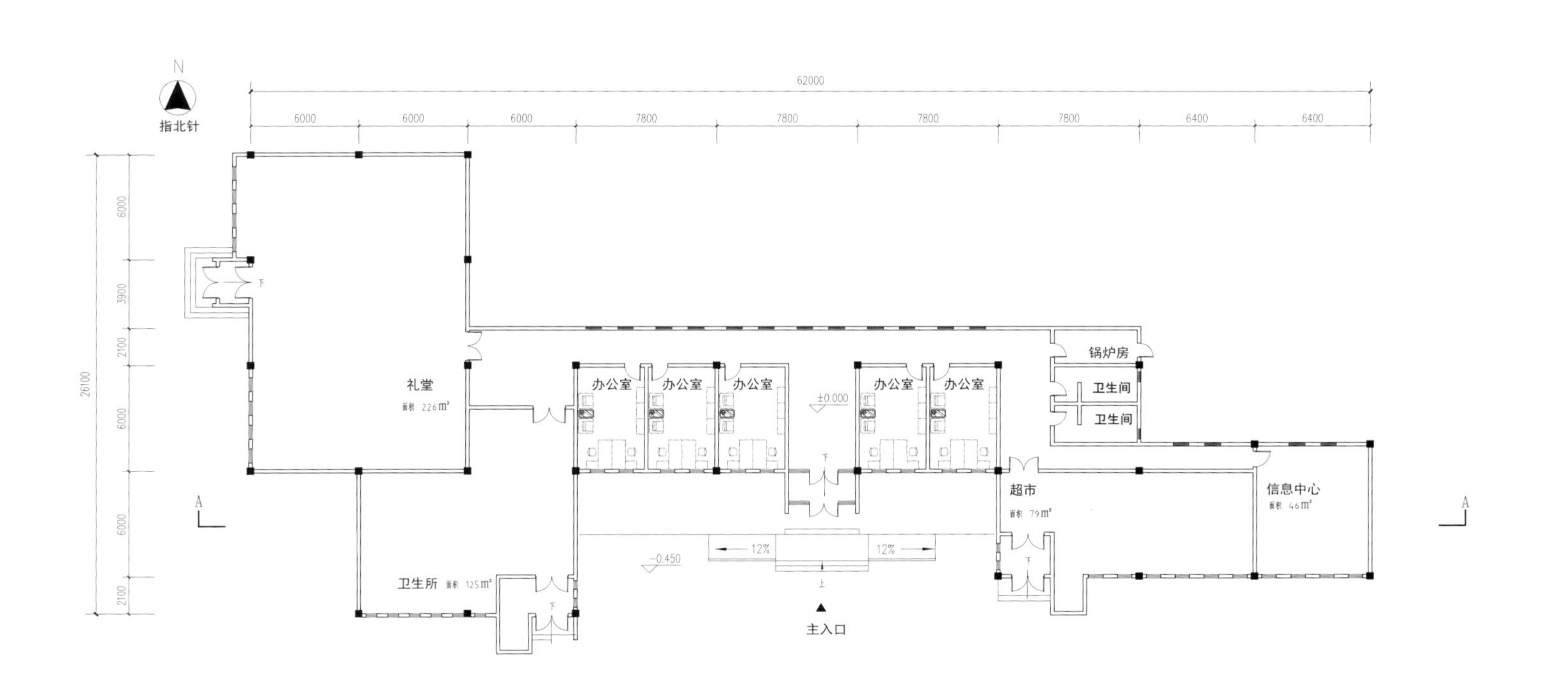
指北针
62000
6000
6000
6000
7800
7800
7800
7800
6400
6400
26100
礼堂
面积 226m²
办公室
办公室
办公室
办公室
办公室
±0.000
锅炉房
卫生间
卫生间
超市
面积 79m²
信息中心
面积 46m²
卫生所 面积 125m²
-0.450
12%
12%
主入口

平面图

IMRAI

通辽市村镇村民中心 方案二十一

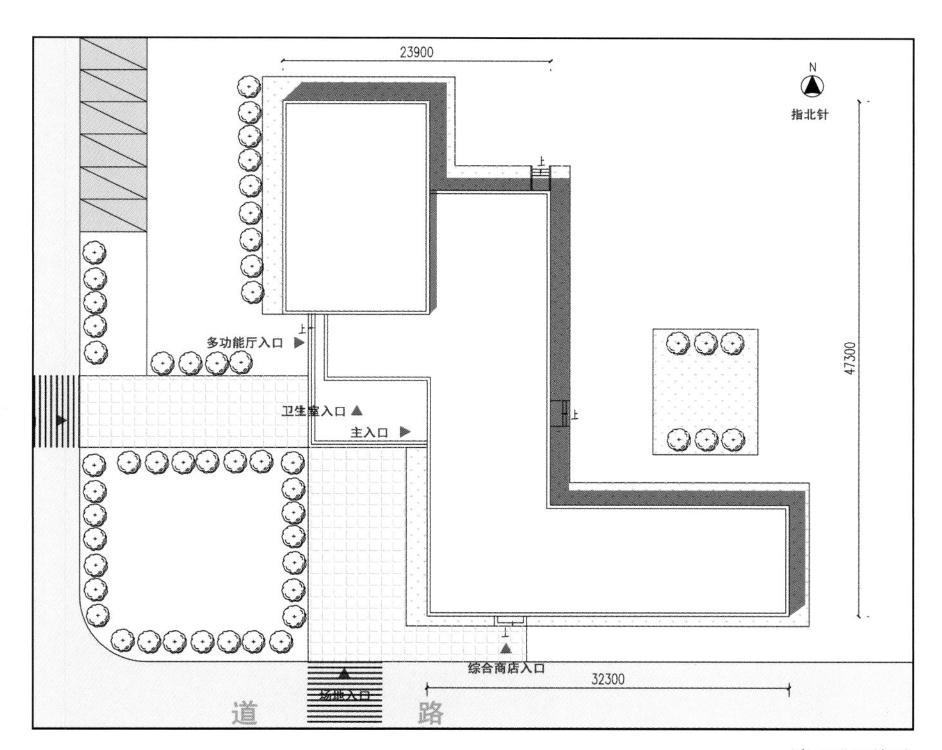

总平面图

■ 设计说明

本方案位于道路转角处，单层，建筑功能主要包括多功能厅、信息中心、卫生室、村委会和综合商店等五部分；总建筑面积887m²；砖混结构。

建筑布局是以L形走道联系各功能用房，各功能用房从西面和南面采光。主入口从西侧进入，与各功能用房联系便捷，且各功能区域有其独立的出入口，方便服务村民。

本设计为蒙汉结合式建筑，各功能房间为西侧与南侧采光，尊重了当地的气候特征；材料运用涂料结合红色砖墙；立面结合蒙元文化符号设计；柔和蒙古族色彩中较为鲜艳的色调，形成蒙汉相融的风格特征，有着极强的吸引力。

面积指标		面积分配表	
总建筑面积	887m²	办公室	176m²
		多功能厅	235m²
		综合商店	120m²
		卫生室	105m²
		其他	251m²

内蒙古工业大学地域建筑研究所
内蒙古工大建筑设计有限责任公司

□ 通辽市村民之家

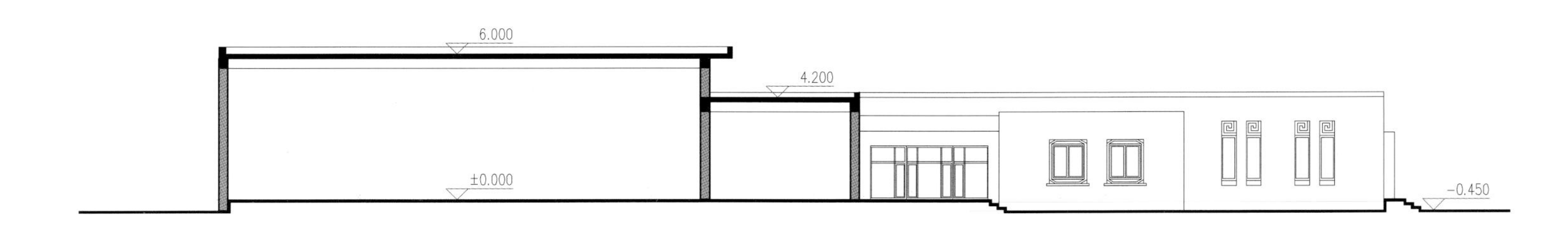

剖面图

礼堂

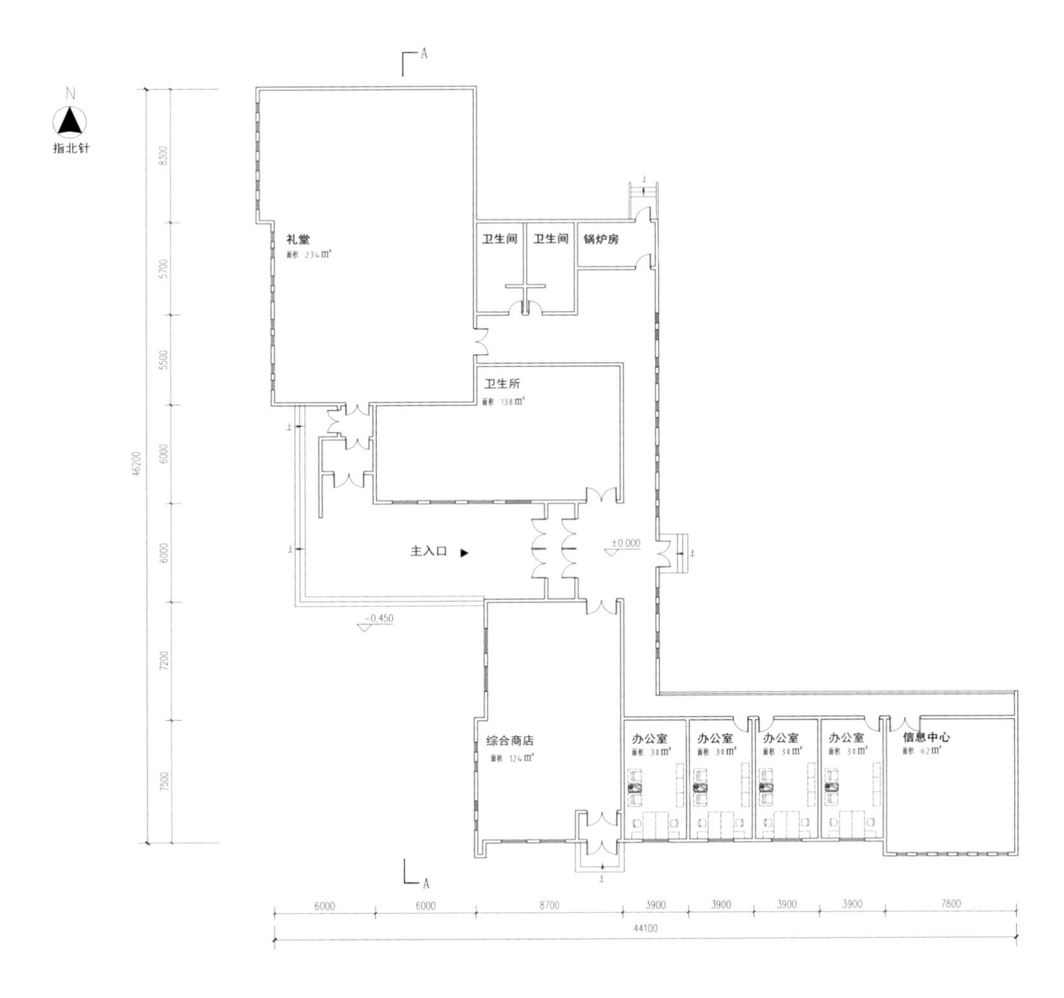
指北针
礼堂
卫生间
卫生间
锅炉房
卫生所
主入口
±0.000
-0.450
综合商店
办公室
办公室
办公室
办公室
信息中心
6000
6000
8700
3900
3900
3900
3900
7800
44100
8300
5700
5500
6000
6000
7200
7500
46200

平面图

IMRAI

通辽市村镇村民中心　方案二十二

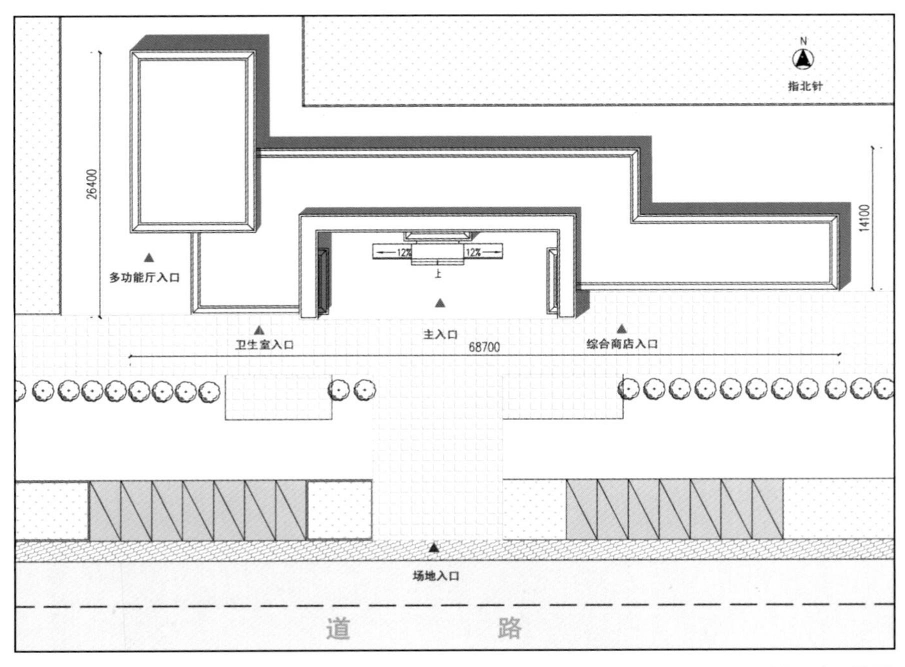

总平面图

■ 设计说明

本方案位于道路北侧，单层，建筑功能主要包括多功能厅、信息中心、卫生室、村委会和综合商店等五部分；总建筑面积834m²；砖混结构。

建筑布局是以单侧走道联系南面的各功能用房，各功能用房均有南向采光。主入口从南侧进入，与各功能用房联系便捷，且各功能区域有其独立的出入口，方便服务村民。

本村民中心设计充分考虑到通辽地区夏干热、冬严寒、多风沙的气候特征，所以房间均为南向采光。立面遵循汉式风格设计，运用典型的坡屋顶形式，结合红色砖墙及简洁大方的开窗形式，极大地体现了地域性。

面积指标		面积分配表	
总建筑面积	834m²	办公室	111m²
		多功能厅	210m²
		综合商店	174m²
		卫生室	116m²
		其他	223m²

内蒙古工业大学地域建筑研究所
内蒙古工大建筑设计有限责任公司

□ 通辽市村民之家

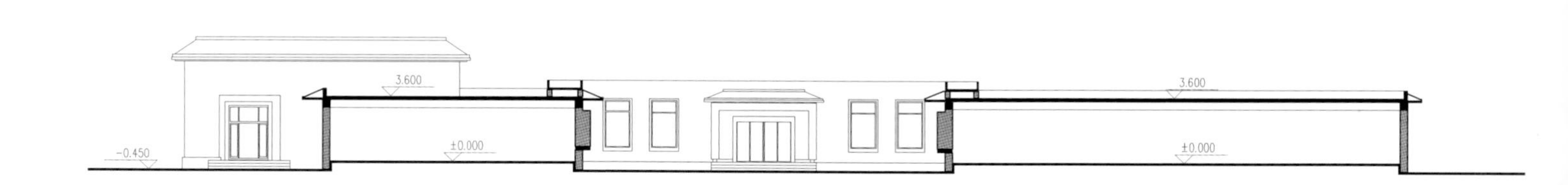

剖面图

方案二十二 □

多功能厅
卫生室
行政办公处

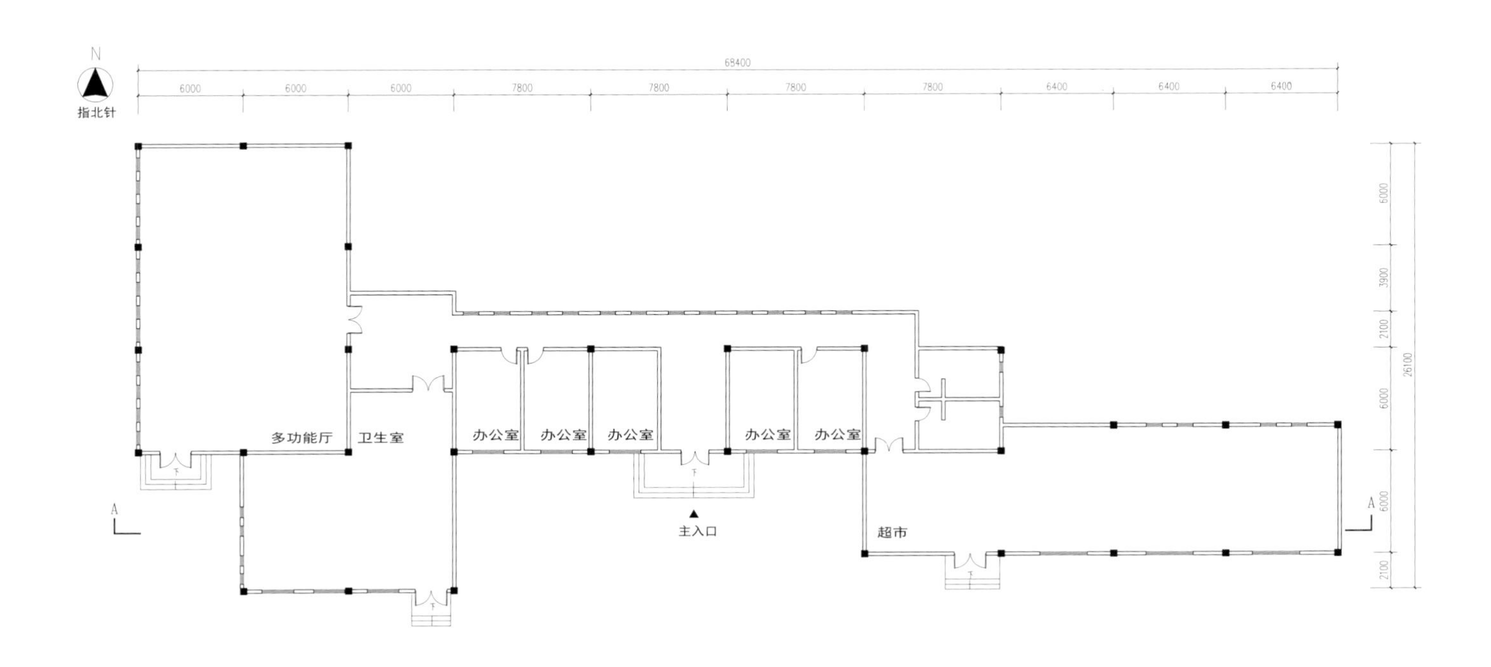
N
指北针
68400
6000
6000
6000
7800
7800
7800
7800
6400
6400
6400
多功能厅
卫生室
办公室
办公室
办公室
办公室
办公室
主入口
超市
A
A
6000
3900
2100
6000
26100
6000
2100

平面图

IMRAI

通辽市村镇村民中心　方案二十三

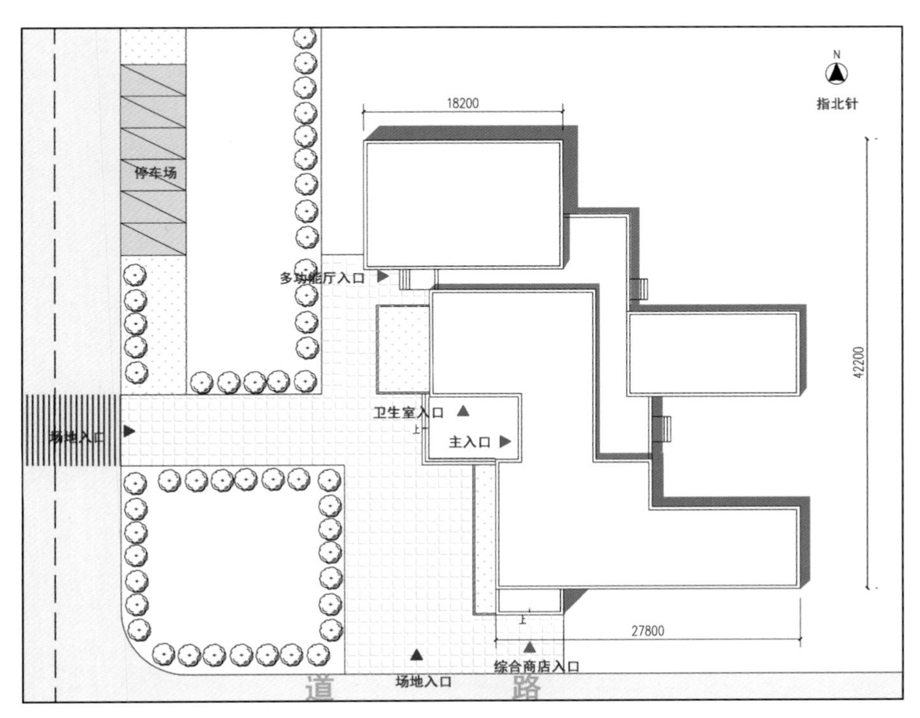

总平面图

■ 设计说明

本方案位于道路转角处，单层，建筑功能主要包括多功能厅、信息中心、卫生室、村委会和综合商店等五部分；总建筑面积956m²；砖混结构。

建筑布局是以“L形”走道联系各功能用房。各功能用房从西面和南面采光，主入口从西侧进入，与各功能用房联系便捷，且各功能区域有其独立的出入口，方便服务村民。

本设计为蒙汉结合式建筑，各功能房间为西侧与南侧采光，尊重了当地的气候特征。立面结合蒙元文化符号设计，形成蒙汉相融的风格特征，有着较强的民族亲和力。

面积指标		面积分配表	
总建筑面积	956m²	办公室	178m²
		多功能厅	210m²
		综合商店	140m²
		卫生室	131m²
		其他	297m²

内蒙古工业大学地域建筑研究所
内蒙古工大建筑设计有限责任公司

□ 通辽市村民之家

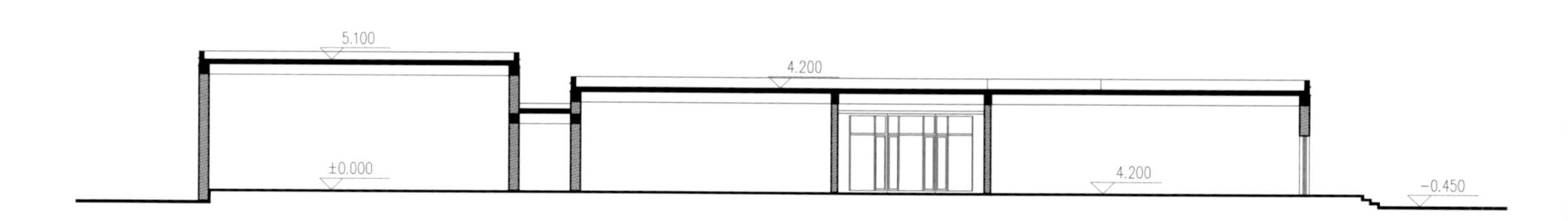

剖面图

报告厅
卫生室
村委会行政办公处
便民店

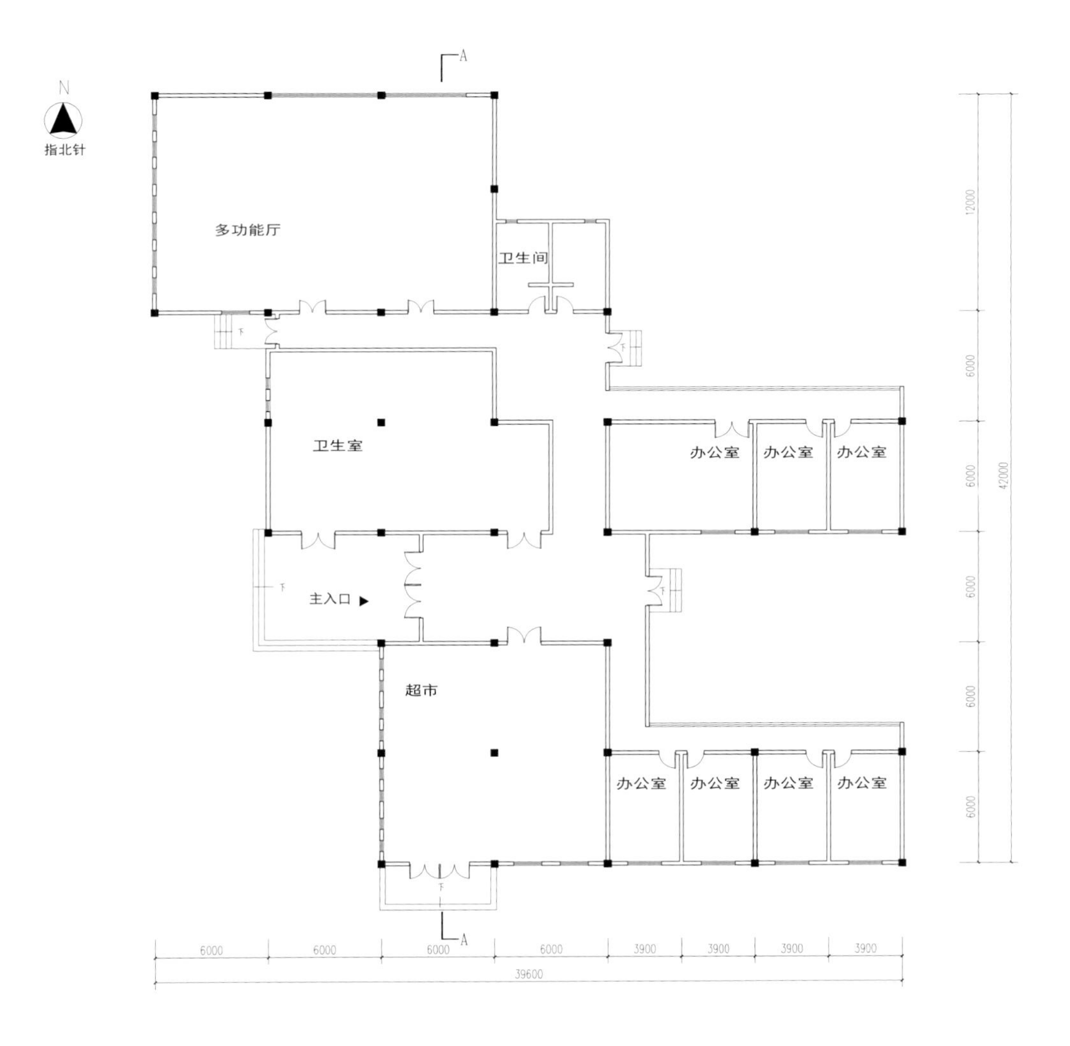
N
指北针
A
多功能厅
卫生间
卫生室
办公室
办公室
办公室
主入口
超市
办公室
办公室
办公室
办公室
A
6000
6000
6000
6000
3900
3900
3900
3900
39600
12000
6000
6000
6000
6000
6000
42000

平面图

IMRAI

通辽市村镇村民中心 方案二十四

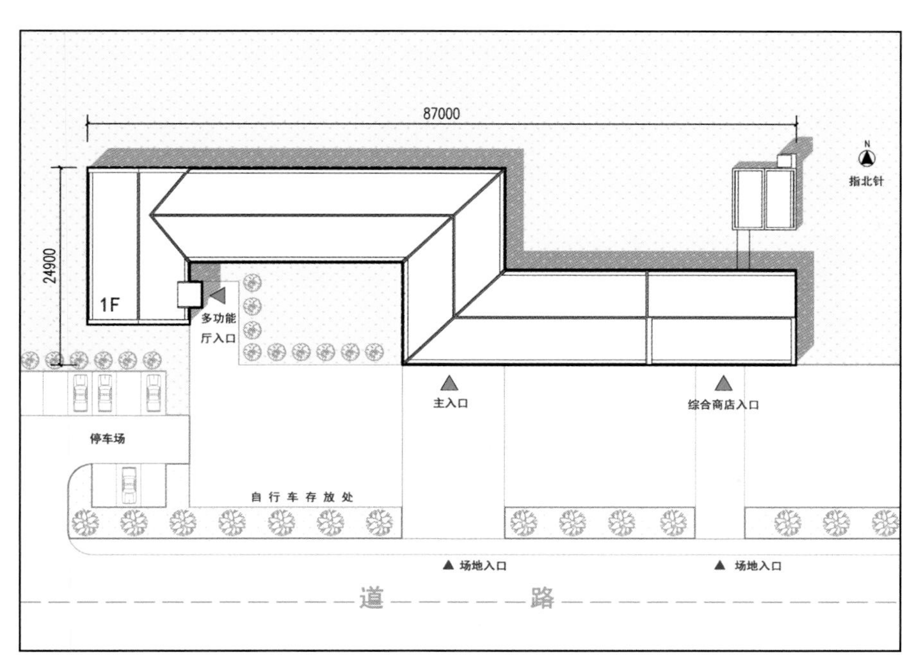

总平面图

■ 设计说明

本方案位于道路北侧，单层，建筑功能主要包括多功能厅、信息中心、卫生室、村委会和综合商店等五部分；总建筑面积1132m²；砖混结构。

建筑布局是以门厅为交通核心，将各个功能块以门厅为中心布局。建筑功能分区明确且合理。同时争取最大的沿街面，分散人流，保证各个功能关系的独立。

建筑形态追求自然统一。整个建筑风格力求完整且与周边环境和谐共处，从当地民居中提取立面元素，使建筑既不脱离环境，又不乏现代特色。

面积指标		面积分配表	
总建筑面积	1132m²	办公室	127m²
		多功能厅	238m²
		综合商店	205m²
		卫生室	121m²
		其他	441m²

内蒙古工业大学地域建筑研究所
内蒙古工大建筑设计有限责任公司

□ 通辽市村民之家

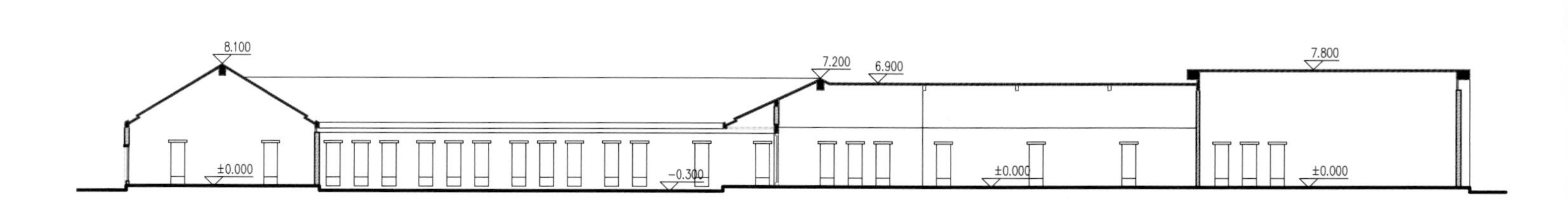

剖面图

方案二十四 □

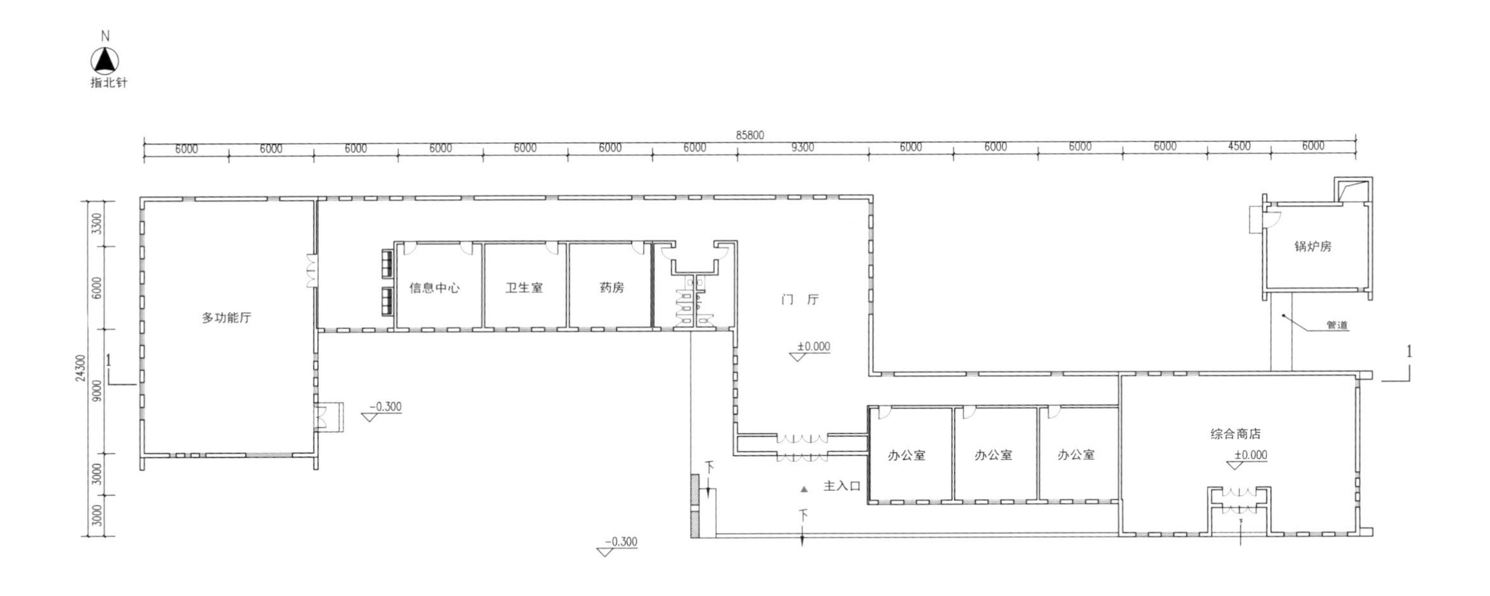

N
指北针
85800
6000
6000
6000
6000
6000
6000
6000
9300
6000
6000
6000
6000
4500
6000
24300
3300
6000
9000
3000
3000
1
多功能厅
信息中心
卫生室
药房
门 厅
±0.000
锅炉房
管道
−0.300
办公室
办公室
办公室
综合商店
±0.000
主入口
下
下
−0.300
1

平面图

IMRAI

通辽市村镇村民中心 方案二十五

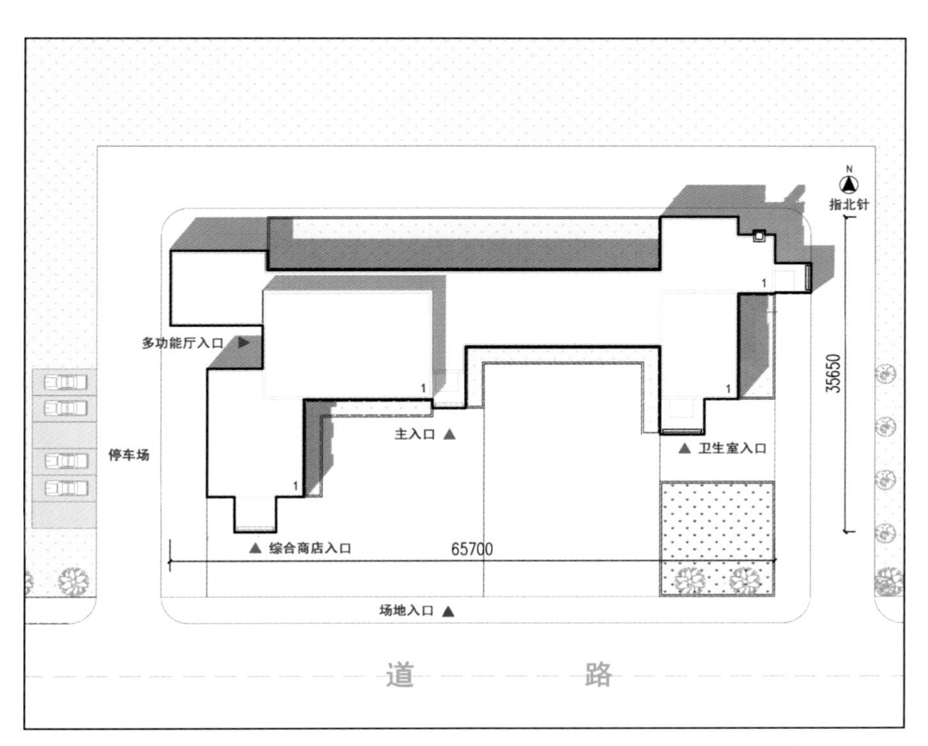

总平面图

■ 设计说明

本方案位于道路北侧，单层，建筑功能主要包括多功能厅、信息中心、卫生室、村委会和综合商店等五部分；总建筑面积892m²；砖混结构。

建筑布局以半围合的方式组织空间，综合商店和卫生室的入口靠近道路，方便使用；在中部后退成了相对宁静的办公环境；主要从南向和东向采光。

建筑体块相互咬合，错落布置，建筑表皮采用当地民居中常用的红砖和白色面砖，立面设计结合了结构。入口设计的灵感来自举“哈达”的双手，寓意吉祥，富有民族和地区特色。

面积指标		面积分配表	
总建筑面积	892m²	办公室	130m²
		多功能厅	216m²
		综合商店	140m²
		卫生室	96m²
		其他	310m²

内蒙古工业大学地域建筑研究所
内蒙古工大建筑设计有限责任公司

□ 通辽市村民之家

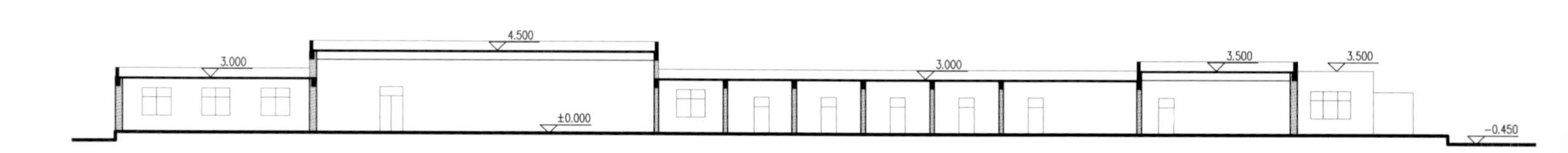

剖面图

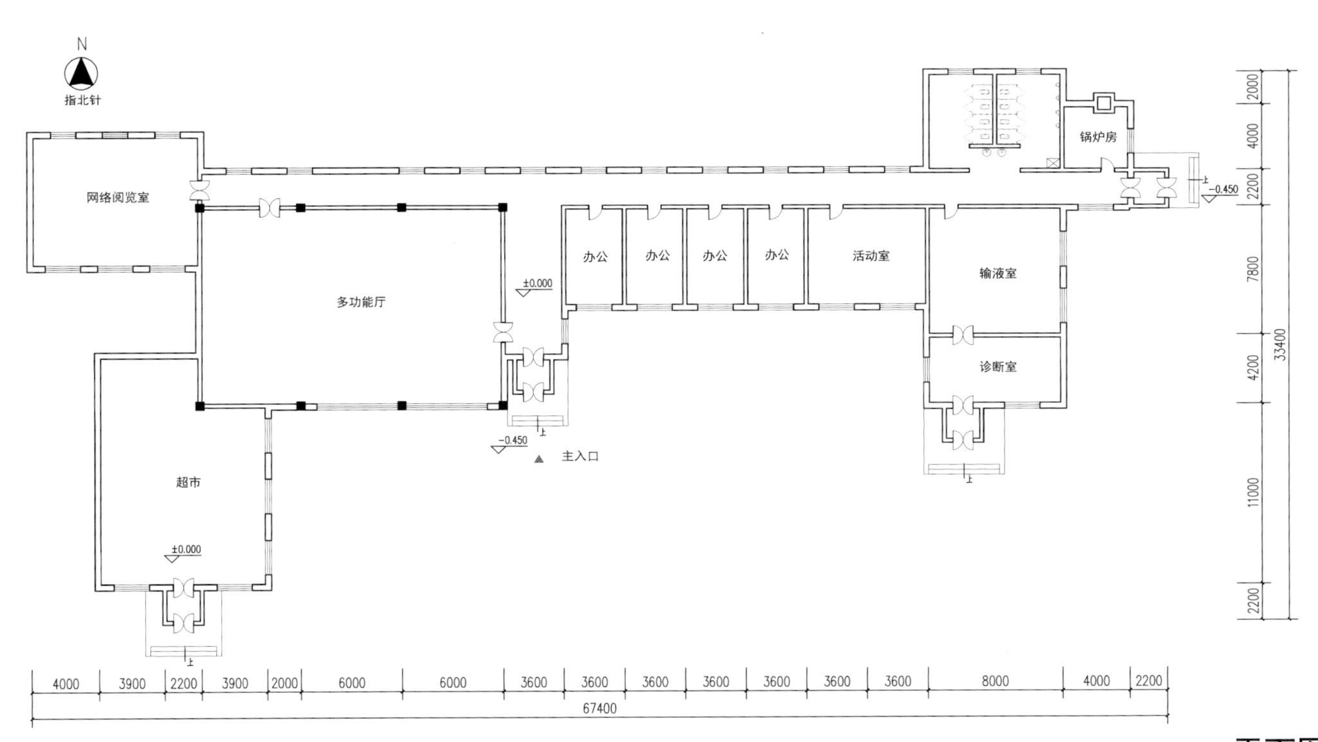
N
指北针
网络阅览室
锅炉房
±0.450
办公
办公
办公
办公
活动室
输液室
多功能厅
±0.000
诊断室
-0.450
主入口
超市
±0.000
4000
3900
2200
3900
2000
6000
6000
3600
3600
3600
3600
3600
3600
3600
8000
4000
2200
67400
2000
4000
2200
7800
4200
33400
11000
2200

平面图

IMRAI

通辽市村镇村民中心 方案二十六

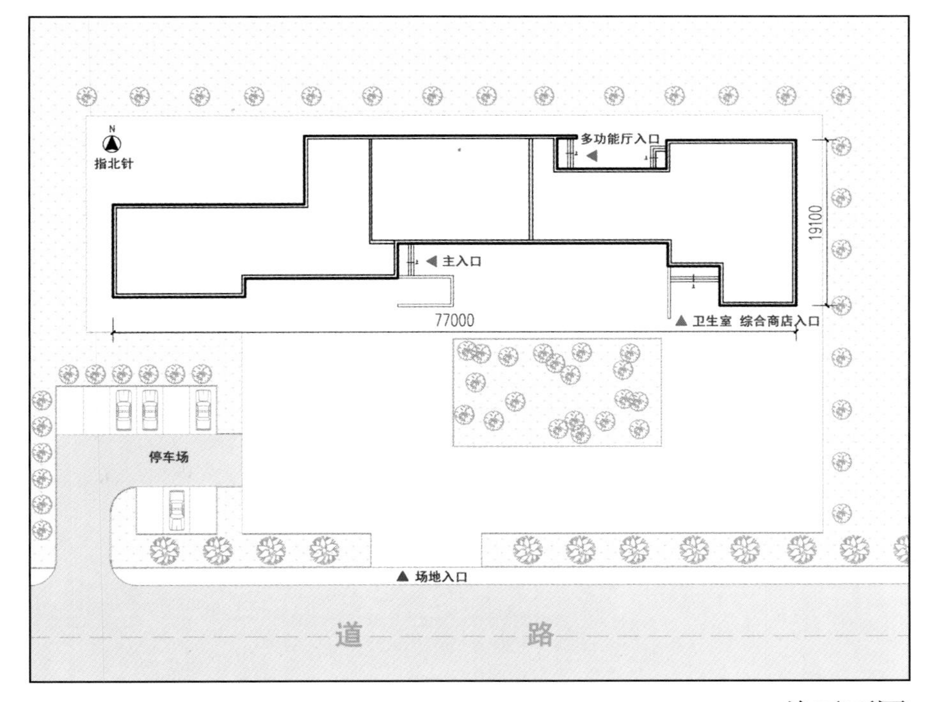

总平面图

■ 设计说明

本方案位于道路北侧，单层，建筑功能主要包括多功能厅、信息中心、卫生室、村委会和综合商店等五部分；总建筑面积895m²；砖混结构。

建筑布局以南向为主，东向为辅，避免了北向与西向的房间。办公室、综合商店和多功能厅等房间南向布置，卫生室朝东向布置，既满足了采光要求，又营造了功能空间。

本村民中心设计考虑到通辽地区夏干热、冬严寒、多风沙的气候特征，在房间布置上选用了南向与东向。功能空间布置时结合当地居民的生活需求，将多功能厅、超市和广场相连在一起，营造出公共活动场所，给当地居民提供一个休闲活动场所。

面积指标		面积分配表	
总建筑面积	895m²	办公室	117m²
		多功能厅	216m²
		综合商店	91m²
		卫生室	91m²
		其他	380m²

内蒙古工业大学地域建筑研究所
内蒙古工大建筑设计有限责任公司

□ 通辽市村民之家

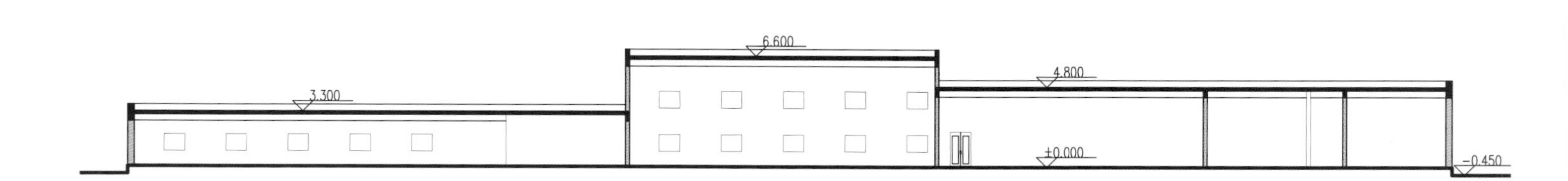

剖面图

村民中心

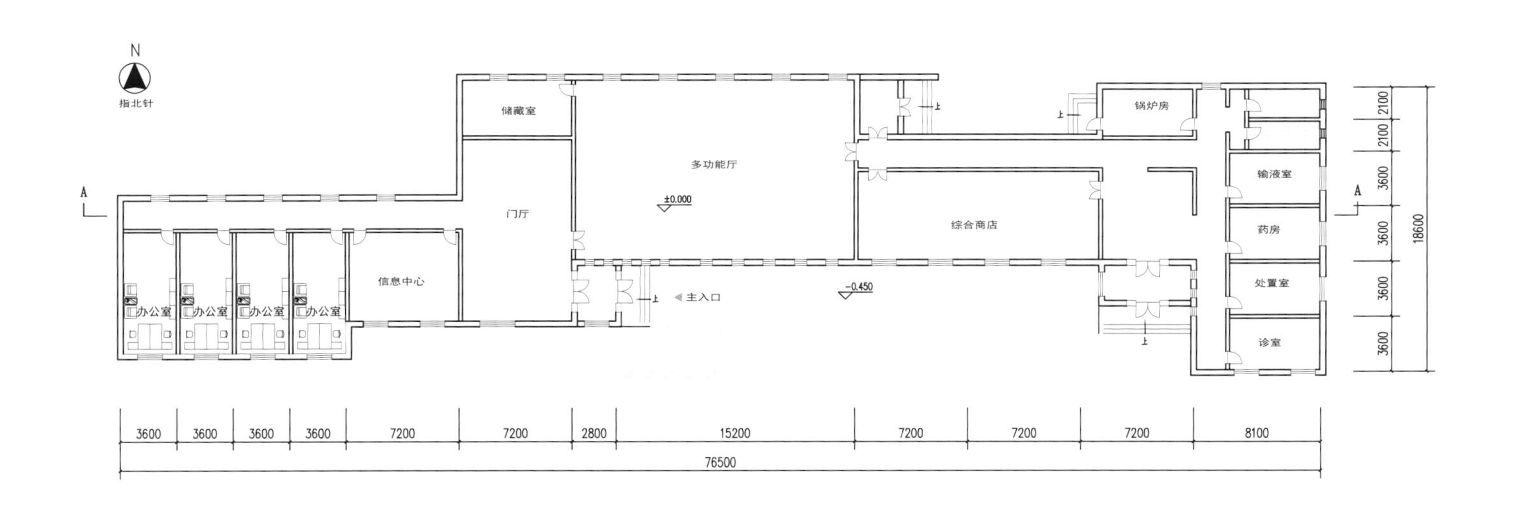
N
指北针
A
储藏室
多功能厅
±0.000
门厅
信息中心
办公室
办公室
办公室
办公室
主入口
-0.450
锅炉房
综合商店
输液室
药房
处置室
诊室
2100
2100
3600
3600
3600
3600
18600
3600
3600
3600
3600
7200
7200
2800
15200
7200
7200
7200
8100
76500

平面图

通辽市村镇村民中心　方案二十七

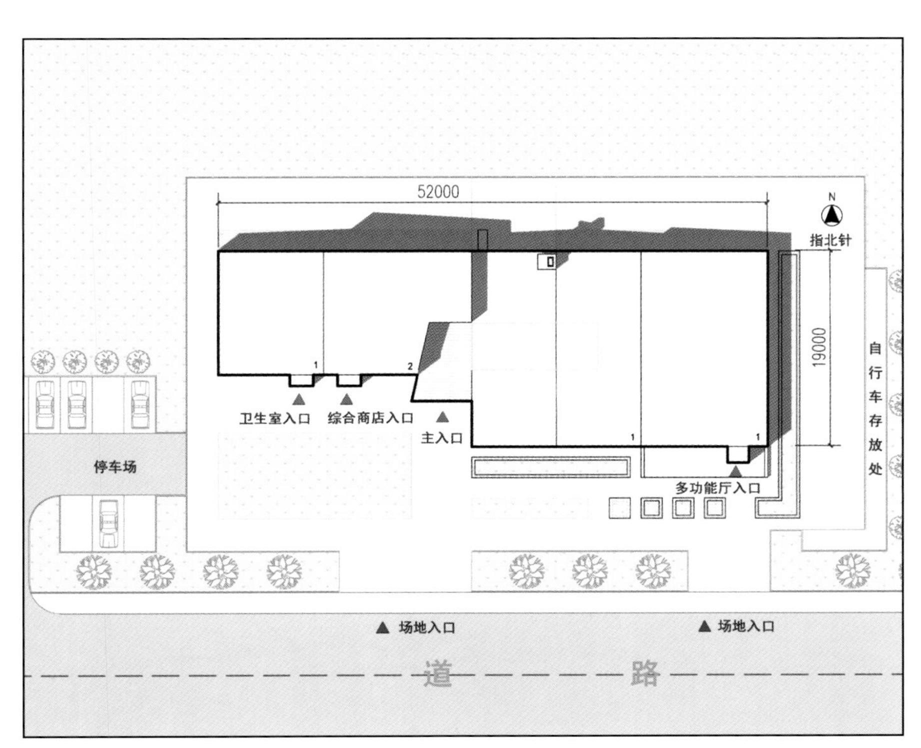

总平面图

■ 设计说明

本方案位于道路北侧，双层。建筑功能主要包括多功能厅、信息中心、卫生室、村委会和综合商店等五部分；总建筑面积964m²；砖混结构。

建筑布局是以中庭交流空间联系双排建筑。其中卫生室和综合商店布置在西侧，有南北双向采光，综合商店可以从建筑内部或者南向进入。信息室布置在二楼，相对独立，通向入口楼梯布置在建筑内部门厅北侧。办公室、活动室等均有南向采光，附属的服务空间布置在北侧。

建筑坡向屋顶构成含蓄的韵律感，将宽大而平整的体量用北方传统民居的坡屋顶来打破，营造亲切、活泼的建筑性格。

面积指标		面积分配表	
总建筑面积	964m²	办公室	89m²
		多功能厅	231m²
		综合商店	119m²
		卫生室	121m²
		其他	278m²

内蒙古工业大学地域建筑研究所
内蒙古工大建筑设计有限责任公司

□ 通辽市村民之家

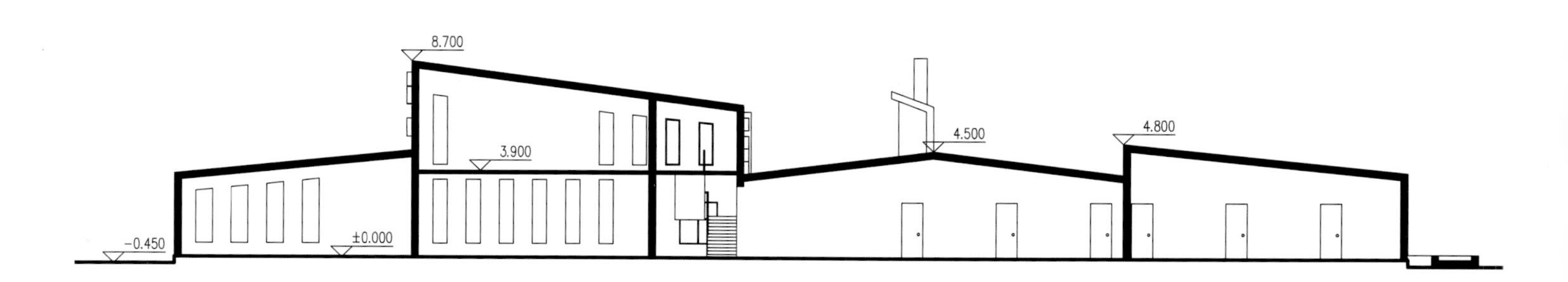

剖面图

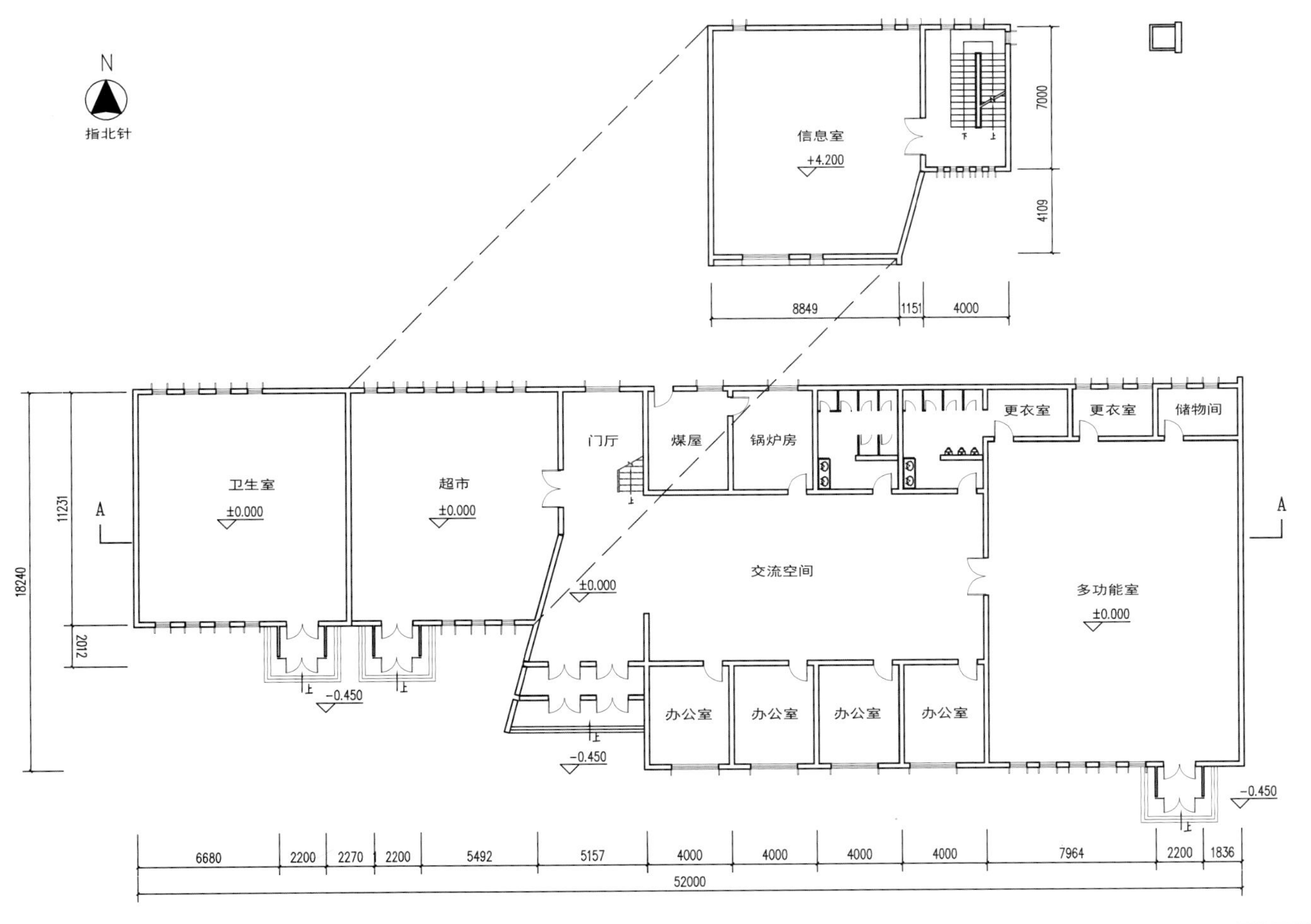
N
指北针
信息室
+4.200
7000
4109
8849
1151
4000
卫生室
±0.000
超市
±0.000
门厅
煤屋
锅炉房
更衣室
更衣室
储物间
交流空间
±0.000
多功能室
±0.000
办公室
办公室
办公室
办公室
-0.450
-0.450
-0.450
A
A
11231
18240
2012
6680
2200
2270
2200
5492
5157
4000
4000
4000
4000
7964
2200
1836
52000

平面图

IMRAI

通辽市村镇村民中心 方案二十八

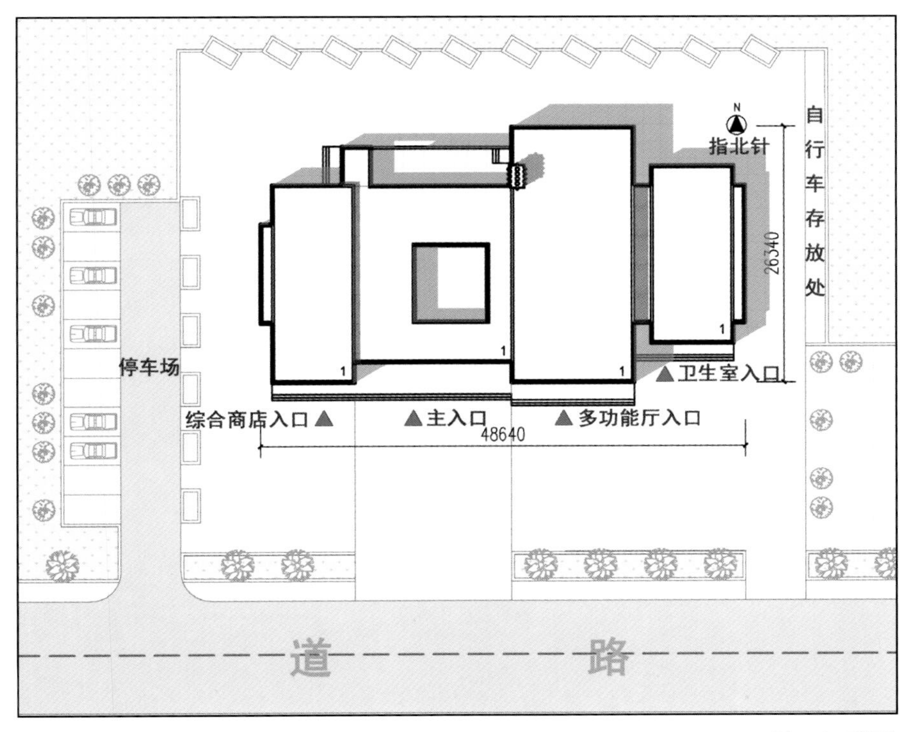

总平面图

■ 设计说明

本方案位于道路北侧，单层，建筑功能主要包括多功能厅、信息中心、卫生室、村委会和综合商店等五部分；总建筑面积904m^2；砖混结构。

建筑的三个主要体量自西向东分别为综合商店、多功能厅、卫生室和信息中心，共同组成建筑东侧的体量。办公空间布置于建筑中心庭院南侧，具有良好的采光和环境。建筑北向布置锅炉房、卫生间等附属空间。

本村民中心设计充分考虑到通辽地区夏干热、冬严寒、多风沙的气候特征，建筑体量稳重厚实，尽量减少体量的凹凸，进而减少外墙面积，提高保温效果。中心庭院为建筑内部引入良好的景观，同时也能促进空气流通，增加舒适度。

面积指标		面积分配表	
总建筑面积	904m^2	办公室	116m^2
		多功能厅	195m^2
		综合商店	129m^2
		卫生室	81m^2
		其他	383m^2

内蒙古工业大学地域建筑研究所
内蒙古工大建筑设计有限责任公司

□ 通辽市村民之家

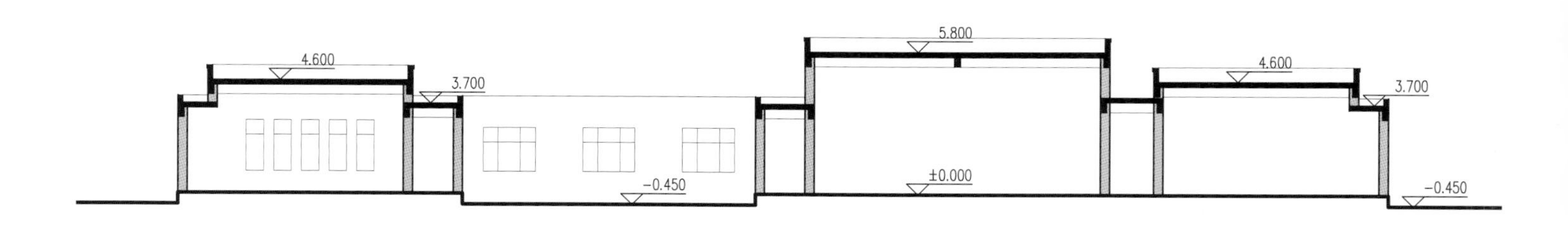

剖面图

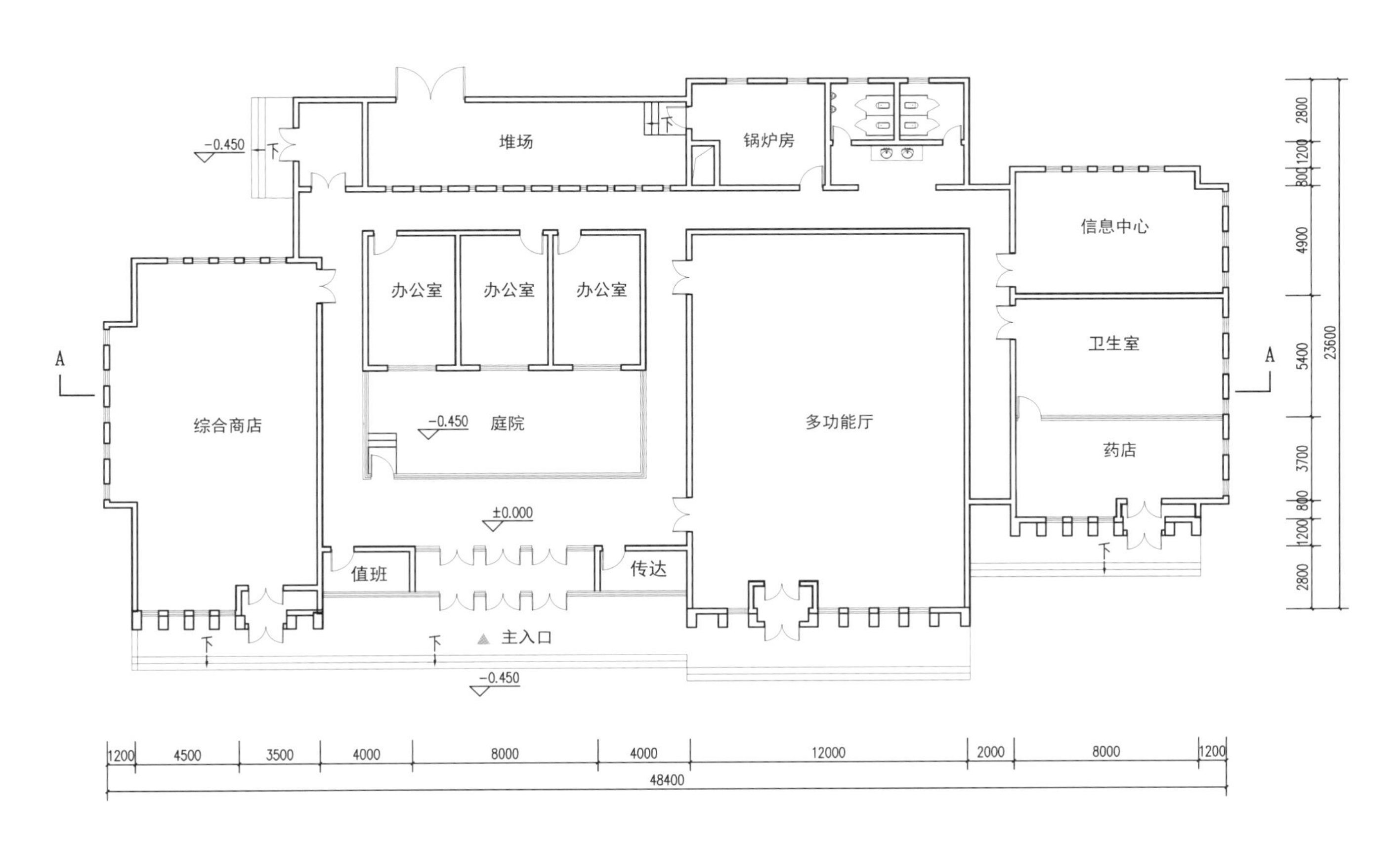

堆场
锅炉房
信息中心
办公室
办公室
办公室
卫生室
综合商店
庭院
多功能厅
药店
值班
传达
主入口
-0.450
±0.000
A
2800
1200
800
4900
5400
3700
23600
1200
4500
3500
4000
8000
12000
2000
48400

平面图

IMRAI

通辽市村镇村民中心 方案二十九

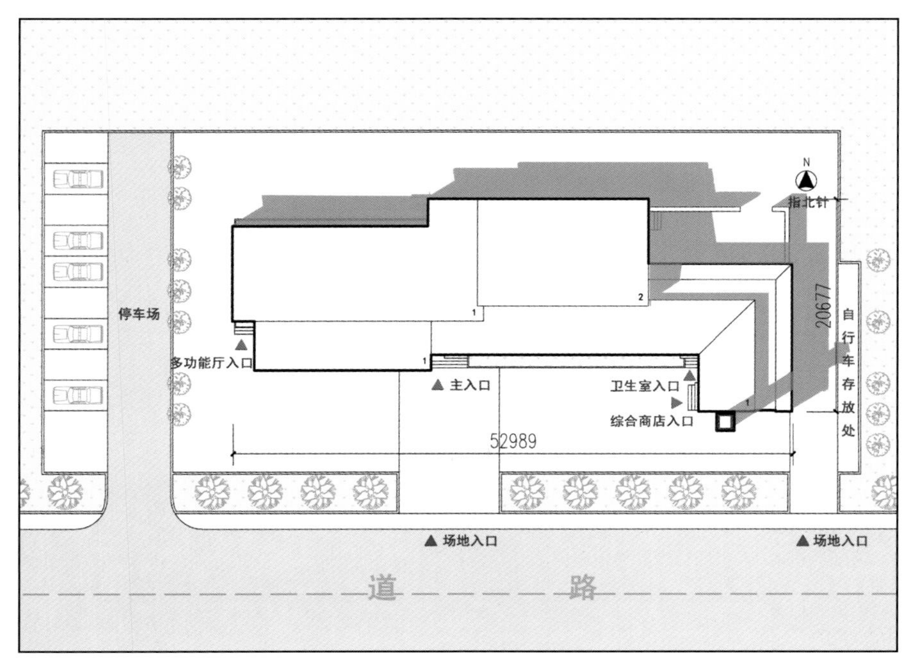

总平面图

■ 设计说明

本方案位于道路北侧，局部两层，建筑功能主要包括多功能厅、信息中心、卫生室、村委会和综合商店等五部分；总建筑面积771m²；砖混结构。

方案基本按照线型布置，东部突出综合商店的体量，围合出一个条形的建筑前广场。建筑主体部分主要分为两个体量，并以方向相反的坡屋顶进行强调，同时大小体量之间也形成对比。立面开窗在300mm的模数控制下，自由而不散乱；部分构件选用木材，使建筑表情更加的丰富。

本方案整个体量被限定在两个相向倾斜的坡屋顶下，由于不同的使用功能对空间的要求不同，屋顶也随之而变化，增强了形体的层次。建筑主体与钟楼的互相呼应下，共同营造出乡村宁静的空间环境氛围。

面积指标		面积分配表	
总建筑面积	771m²	办公室	109m²
		多功能厅	192m²
		综合商店	95m²
		卫生室	72m²
		其他	303m²

内蒙古工业大学地域建筑研究所
内蒙古工大建筑设计有限责任公司

□ 通辽市村民之家

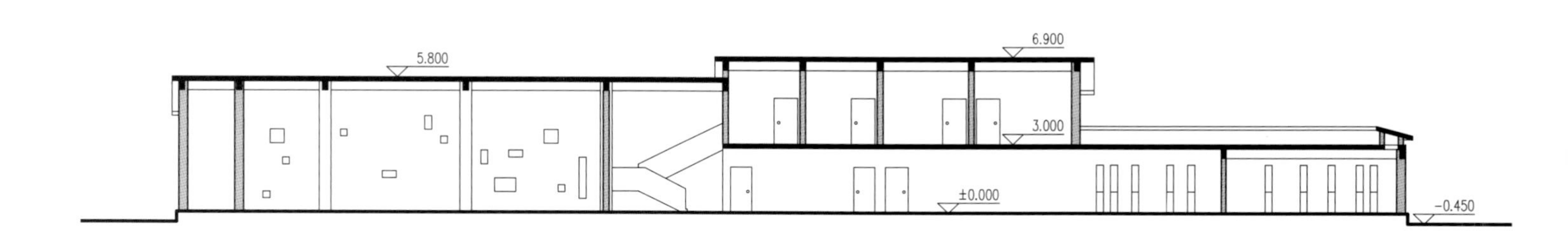

剖面图

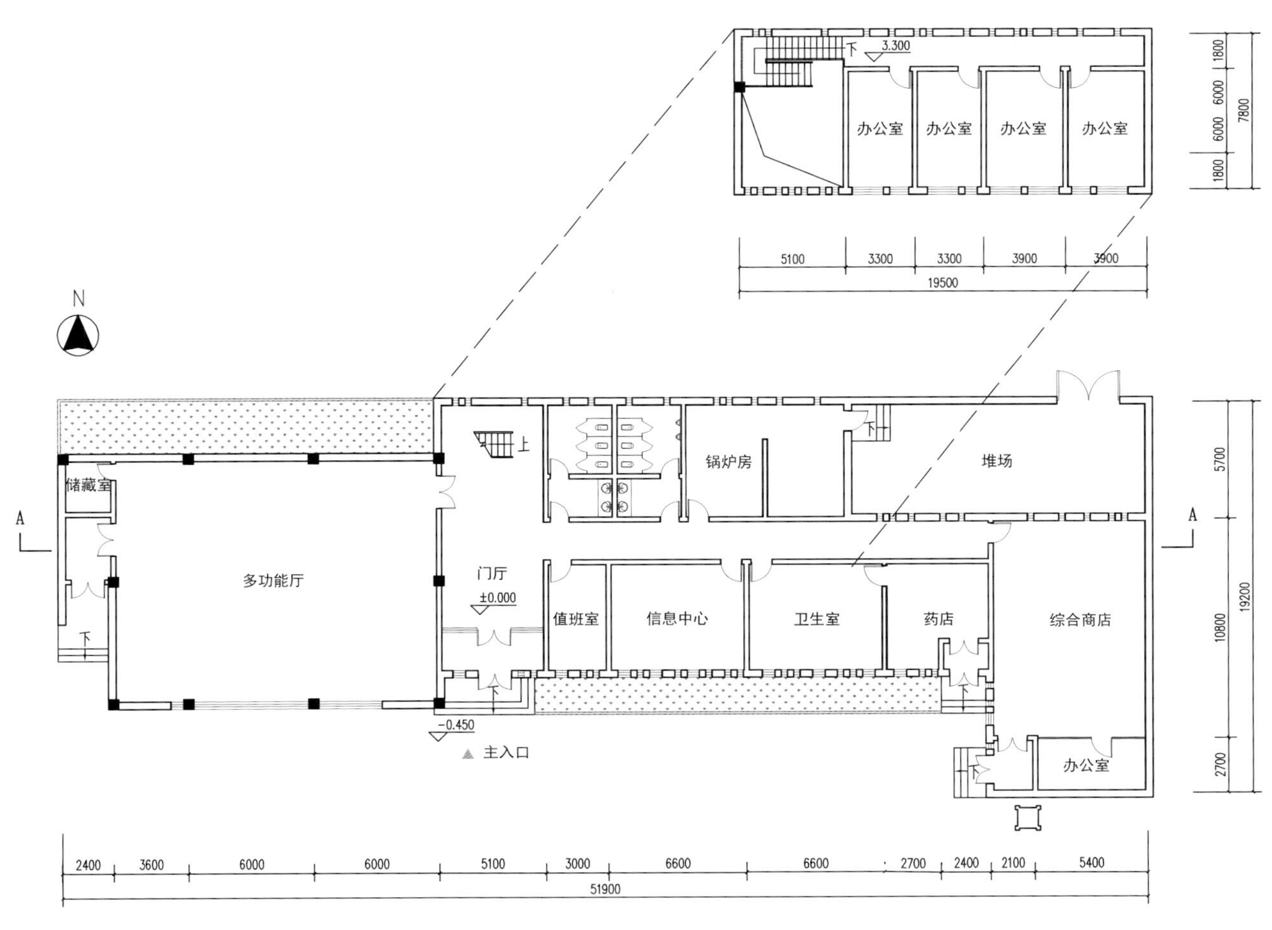
办公室
办公室
办公室
办公室
下
3.300
1800
6000
6000
1800
7800
5100
3300
3300
3900
3900
19500
N
上
锅炉房
堆场
储藏室
多功能厅
门厅
±0.000
值班室
信息中心
卫生室
药店
综合商店
办公室
-0.450
主入口
A
A
5700
10800
2700
19200
2400
3600
6000
6000
5100
3000
6600
6600
2700
2400
2100
5400
51900

平面图

IMRAI

通辽市村镇村民中心 方案三十

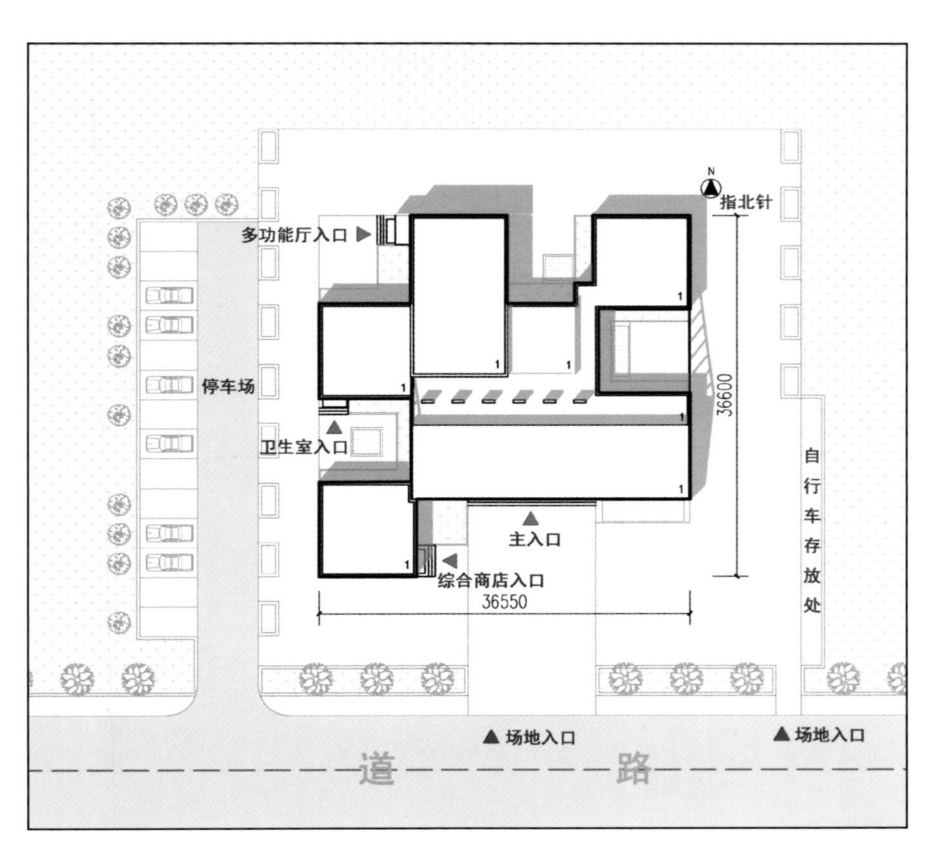

总平面图

■ 设计说明

本方案位于道路北侧，单层，建筑功能主要包括多功能厅、信息中心、卫生室、村委会和综合商店等五部分；总建筑面积794m²；砖混结构。

建筑南侧采光最佳，布置为办公空间；卫生室和综合商店为西侧的两个体量；多功能厅处于建筑的北侧，可以形成独立的入口，且因为体量较大，布于北侧可避免对其他使用空间的遮挡。

本方案平面源于蒙古族特有的纹饰“章嘎”，建筑整体布置自由舒展，并形成多个半围合的庭院，庭院中布置植被、水体，丰富景观的同时调节小气候，提供更加宜人的环境。在建筑细部上，也有民族文化的体现，景观灯、竖窗上端的部位，都饰以“章嘎”纹饰。

面积指标		面积分配表	
总建筑面积	794m²	办公室	169m²
		多功能厅	156m²
		综合商店	76m²
		卫生室	74m²
		其他	319m²

内蒙古工业大学地域建筑研究所
内蒙古工大建筑设计有限责任公司

□ 通辽市村民之家

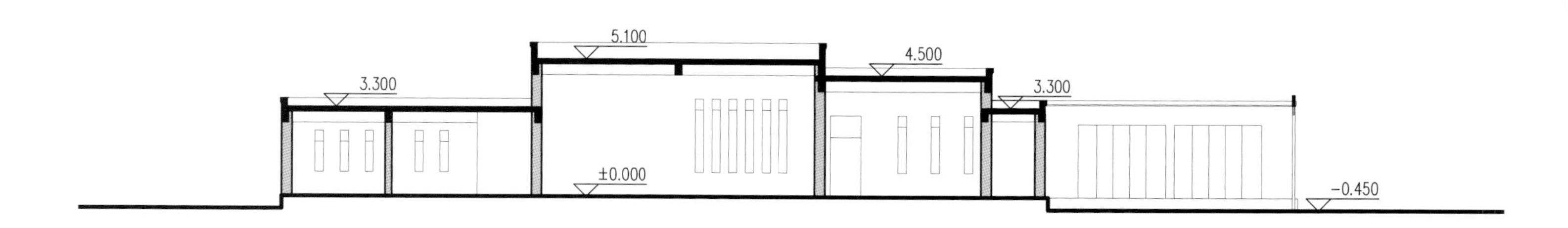

剖面图

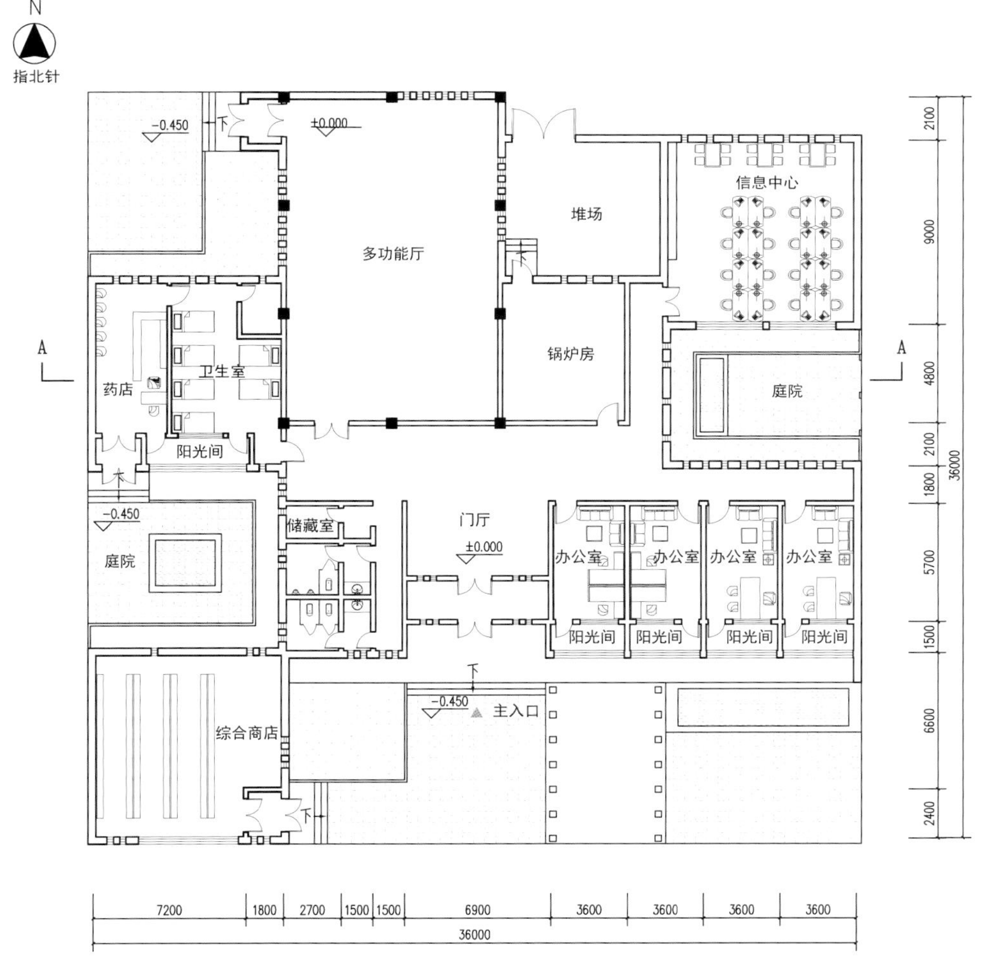
N
指北针
多功能厅
堆场
信息中心
锅炉房
药店
卫生室
庭院
阳光间
门厅
储藏室
办公室
庭院
综合商店
主入口
±0.000
-0.450
7200
1800
2700
1500
1500
6900
3600
36000
2100
9000
4800
1800
5700
1500
6600
2400

平面图

IMRAI

通辽市村镇村民中心 方案三十一

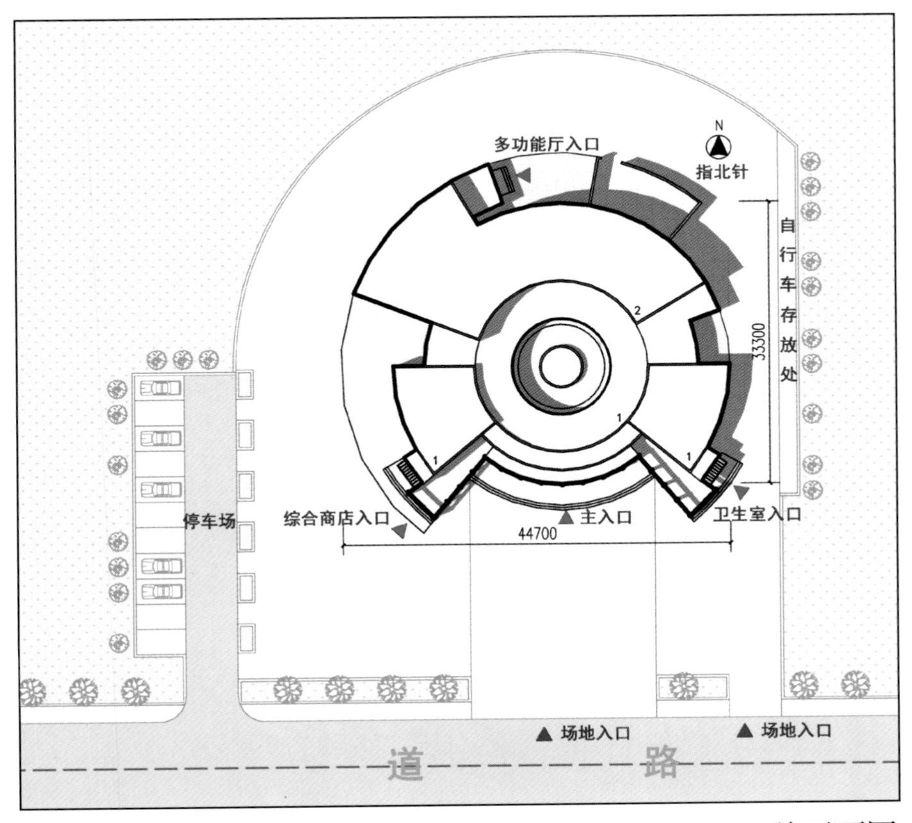

总平面图

■ 设计说明

本方案位于道路北侧，局部两层，建筑功能主要包括多功能厅、信息中心、卫生室、村委会和综合商店等五部分；总建筑面积983m²；砖混结构。

建筑以一个圆形庭院为中心，向四周辐射开来，根据不同的空间使用功能，选择合适的辐射半径及层高。建筑外界面错落所形成的灰空间给村民提供了更多交流的空间。综合商店和卫生室位于建筑南侧，使用便捷；办公空间布置于二层，适当分区。

本村民中心设计平面从圆形出发，回应蒙古族对“圆”形空间的喜爱和对“长生天”的信仰，希望创造内向、有聚合力的空间氛围。庭院四周和入口处的柱廊增加空间层次、丰富光影关系的同时，也增加了人们交流的机会，丰富村民的生活。

面积指标		面积分配表	
总建筑面积	983m²	办公室	124m²
		多功能厅	225m²
		综合商店	102m²
		卫生室	102m²
		其他	430m²

内蒙古工业大学地域建筑研究所
内蒙古工大建筑设计有限责任公司

□ 通辽市村民之家

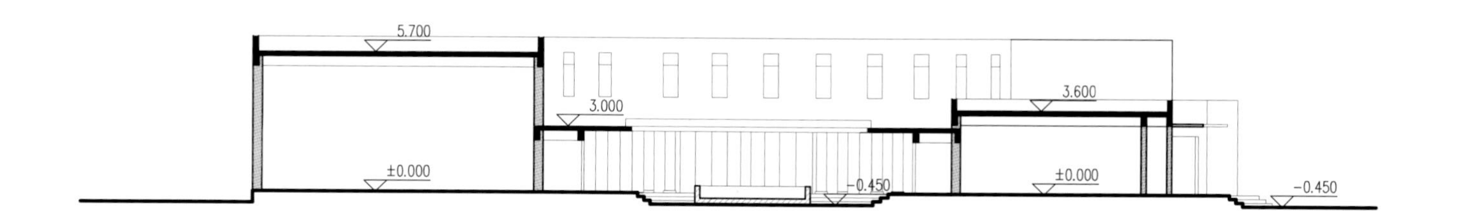

剖面图

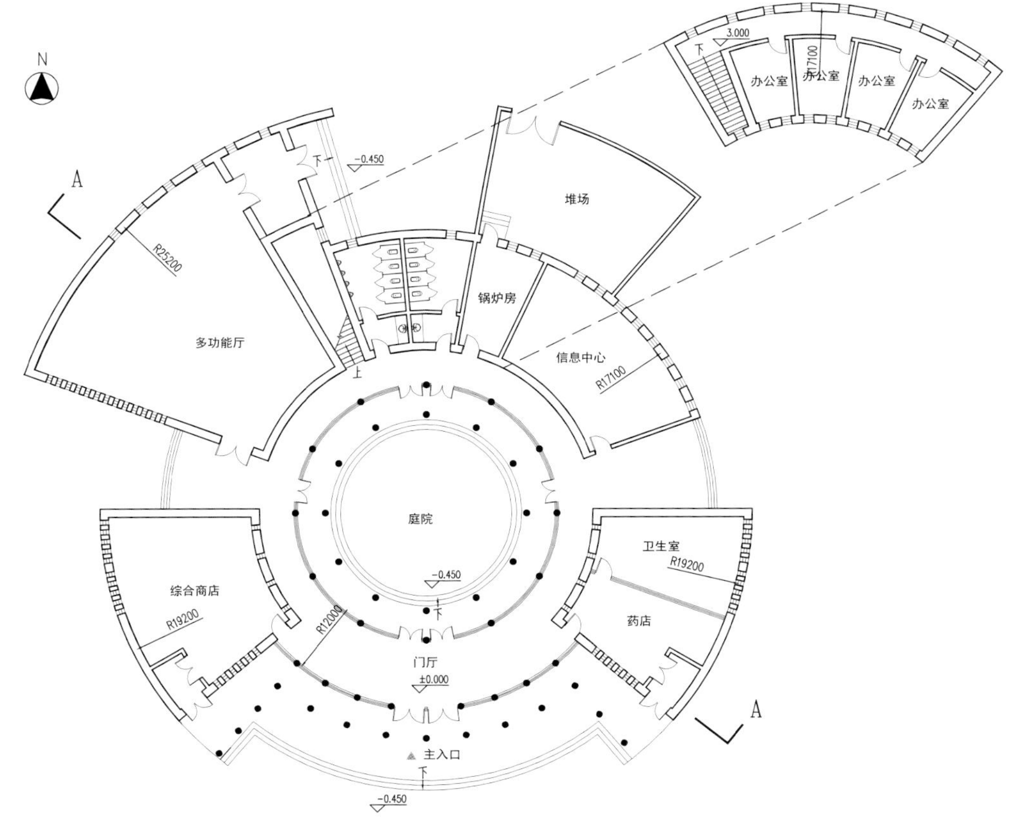
N
A
3.000
下
办公室
R17100
办公室
办公室
办公室
下
-0.450
堆场
R25200
锅炉房
多功能厅
信息中心
R17100
上
庭院
卫生室
R19200
-0.450
综合商店
R19200
R12000
药店
门厅
±0.000
A
主入口
下
-0.450

平面图

IMRAI

通辽市村镇村民中心 方案三十二

N
指北针
多功能厅入口
23800
综合商店入口
主入口
46100
卫生室入口
停车场
自行车存放处
场地入口
场地入口
道 路

总平面图

■ 设计说明

本方案位于道路北侧，单层，建筑功能主要包括多功能厅、信息中心、卫生室、村委会和综合商店等五部分；总建筑面积920m²；砖混结构。

建筑布局是以“内街”联系南北两排功能空间，南排布置层高低而采光要求高的办公室和卫生室；北排布置的综合商店、多功能厅和信息中心则层高较高。南北两排高差设计使得北排建筑得以在南向用高侧窗采光。

本村民中心设计充分考虑到通辽地区夏酷热、冬严寒、多风沙的气候特征，在建筑中加入“内街”这一主要设计元素，使得采光通风等问题迎刃而解，同时减少50%外墙面积。而内街也是“村民公共客厅”和“行为发生器”，必将带来富有生机的新农村生活。

面积指标		面积分配表	
总建筑面积	920m²	办公室	98m²
		多功能厅	179m²
		综合商店	89m²
		卫生室	71m²
		其他	483m²

内蒙古工业大学地域建筑研究所
内蒙古工大建筑设计有限责任公司

□ 通辽市村民之家

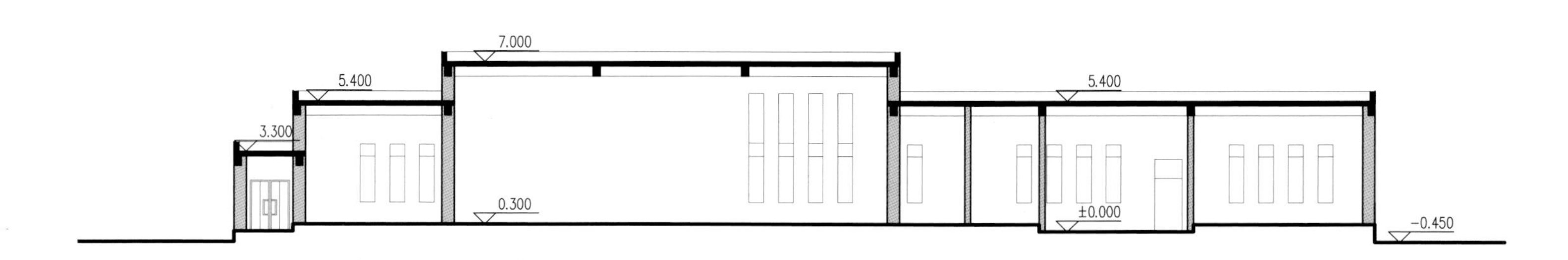

剖面图

村民中心

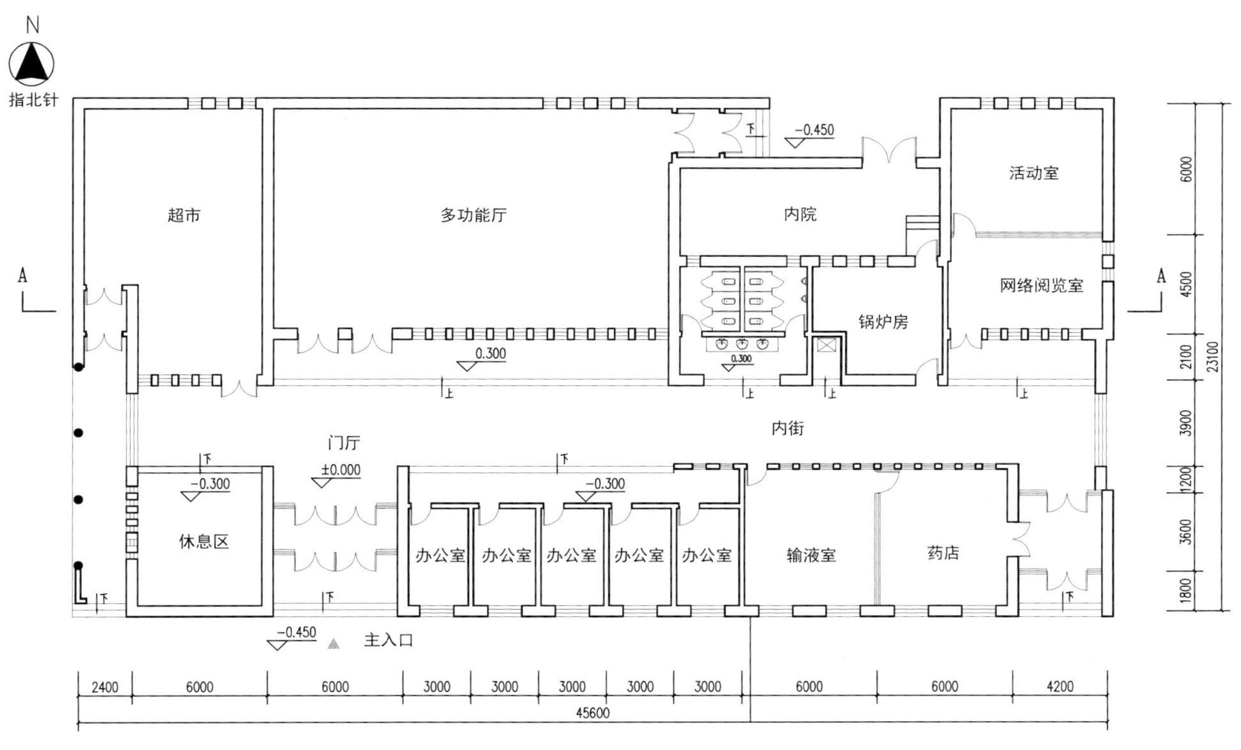
N
指北针
超市
多功能厅
内院
活动室
网络阅览室
锅炉房
内街
门厅
±0.000
-0.300
-0.450
0.300
休息区
办公室
办公室
办公室
办公室
办公室
输液室
药店
主入口
A
A
2400
6000
6000
3000
3000
3000
3000
3000
6000
6000
4200
45600
6000
4500
2100
3900
1200
3600
1800
23100

平面图

IMRAI

图书在版编目（CIP）数据

通辽市村民之家/白丽燕主编. — 北京：中国建筑工业出版社，2013.12

ISBN 978-7-112-16013-6

Ⅰ.①通… Ⅱ.①白… Ⅲ.①公共建筑—文化建筑—建筑设计—作品集—通辽市—现代 Ⅳ.①TU242

中国版本图书馆CIP数据核字（2013）第251580号

责任编辑：唐　旭　杨　晓
责任校对：姜小莲　刘　钰

通辽市村民之家
白丽燕　主编
*
中国建筑工业出版社出版、发行（北京西郊百万庄）
各地新华书店、建筑书店经销
北京京点设计公司制版
北京顺诚彩色印刷有限公司印刷
*
开本：880×1230毫米　1/16　印张：9　字数：270千字
2013年11月第一版　2013年11月第一次印刷
定价：138.00元
ISBN 978-7-112-16013-6
(24799)